长江河口湿地
长期遥感监测

艾金泉　何海清　李小龙　谭永滨　陈丽娟　著

WUHAN UNIVERSITY PRESS
武汉大学出版社

图书在版编目(CIP)数据

长江河口湿地长期遥感监测 / 艾金泉等著. -- 武汉 ：武汉大学出版社，2025. 2. -- ISBN 978-7-307-24902-8

Ⅰ. TV882.2

中国国家版本馆 CIP 数据核字第 2025LL4663 号

责任编辑:王 荣　　责任校对:鄢春梅　　装帧设计:马 佳

出版发行:**武汉大学出版社** （430072　武昌　珞珈山）

（电子邮箱:cbs22@ whu.edu.cn 网址:www.wdp.com.cn）

印刷:湖北云景数字印刷有限公司

开本:787×1092　1/16　印张:10　字数:201 千字　插页:1

版次:2025 年 2 月第 1 版　　2025 年 2 月第 1 次印刷

ISBN 978-7-307-24902-8　　定价:55. 00 元

前　言

　　长江河口存在多样的湿地资源,这些湿地资源不但是长江河口生态系统安全的重要保障,也是长江三角洲经济发展的重要生态基础。改革开放以来,长江河口区域是全国城市化较快的区域之一。在城市化过程中,长江河口区域的土地利用与土地覆盖发生了巨大的变化。同时,受全球气候变暖及海平面上升的影响,长江河口湿地生态系统存在湿地结构不合理和生态功能退化趋势,出现了湿地面积萎缩、生物多样性降低、外来生物入侵、湿地污染等生态环境问题。因而,迫切需要对长江河口湿地生态系统演变进行全面的跟踪研究,分析长江河口湿地生态系统的长期演变规律和机制,为保护和恢复该湿地的政策制定提供科学依据。

　　传统的河口湿地生态系统监测方法,不但难以实现时空连续的大范围监测,而且费用高、时效性差。已有针对河口湿地生态系统监测的研究主要是短期或者稀疏时相的研究,缺乏长时间尺度、连续大范围的相关研究。目前,用于河口湿地生态系统监测的新技术主要是遥感技术。遥感技术凭借其监测范围广泛、数据获取迅速、受环境条件约束少及信息量大的显著优势,能够实时追踪大型通江湖泊湿地的结构与功能变化,已成为大尺度长时序湿地研究的主流监测手段。得益于人工智能、云计算、大数据等新技术的快速发展,河口湿地的遥感研究已经进入智能监测时代,湿地长期监测研究成为可能,但目前国内很少有学者对这类研究进行系统论述。

　　针对湿地遥感领域这一研究现状,作者以长江河口湿地为研究对象,总结多年相关研究的成果,写成此书。全书共分为9章。第1章是绪论,主要介绍了国内外学者对河口湿地遥感研究的成果概况,引出了长江河口湿地遥感研究的问题并介绍了全书的研究思路。第2章介绍了本研究使用的数据与方法,包括长江河口湿地土地覆盖长期监测方法、滨海湿地植被长期监测方法、水体湿地长期监测方法、湿地生态服务功能估算方法等。第3章利用构建的长时序遥感数据分析长江河口湿地土地覆盖的演变过程和趋势。第4章研究了长江河口滨海湿地植被群落长期演变特征及其趋势。第5章分析了长江河口水体湿地长期变化特征及其趋势。第6章介绍了长江河口湿地生态系统服务功能的长期变化特征。第7章探讨了长江河口湿地长期演变的驱动机制。第8章评估了本研究成果在长江河口湿地保护与修复中的应用潜力。第9章在前8章的基础上,设计并开发了长江河口湿地遥感监测数据共享发布系统。

第 1 章由艾金泉、陈丽娟、何海清、谭永滨、李小龙共同撰写,第 2 章至第 7 章由艾金泉撰写,第 8 章由艾金泉、何海清、陈丽娟共同撰写,第 9 章由何海清、李小龙、谭永滨、艾金泉和陈丽娟撰写。本研究成果丰富了长江河口湿地遥感研究的相关理论和方法,同时也为河口湿地长期遥感监测研究奠定了良好的基础。本书可供遥感测绘、地理学、生态学等领域的科研人员使用和参考。

在本书撰写过程中,参考了大量国内外学者的成果,文献引用难免有纰漏,敬请原文作者谅解;同时得到了中国科学院烟台海岸带研究所高志强研究员和华东师范大学的高炜教授、施润和副教授、白开旭副教授、张超副教授的悉心指导,以及东华理工大学测绘工程学院领导和同事的无私帮助,在此表示衷心感谢。

由于作者水平有限,书中可能存在不妥与错误之处,敬请相关同行和专家批评指正。

作　者

2024 年 10 月 16 日

目　　录

第1章 绪　论

　　长江河口湿地是中国沿海地区典型的湿地生态系统之一,在调节气候、涵养水源、碳封存、净化环境、维持生物多样性及文化教育等方面发挥着重要作用,是国际重要的生态敏感区(葛振鸣等,2010;Ai et al.,2020)。然而,受城市发展、环境污染、海岸带围垦、外来种入侵及海平面上升等多重因素的影响,长江河口湿地的结构和功能面临严重的退化风险(周云轩等,2016;Ai et al.,2017),已然成为制约未来长江河口区域生态安全、可持续发展的重要因素,如何科学地解决这一问题成为当前急需做的工作(艾金泉,2018)。传统的湿地生态系统监测方法,如实地采样法、野外仪器观测法,不但难以实现时空连续的大范围监测,而且费用高、时效性差。而目前遥感技术具有监测范围大、获取数据快、受环境条件限制少、信息量大等优点,能够近实时地对湿地结构与功能变化进行追踪,已成为河口湿地研究的主流监测手段。然而,受限于遥感数据的获取与处理手段,长江河口湿地长期变化遥感监测研究发展缓慢,成果较少。一个关键问题是长江河口湿地遥感研究缺乏长期、时空连续、精度高的湿地遥感产品。针对这些问题,本研究基于长时间序列多源遥感数据,提出一种基于面向对象制图框架的湿地长期遥感产品生产方法,开展长江河口湿地长期变化遥感研究,为长江河口湿地生态保护和生态修复提供科学依据。

1.1　长江河口湿地概况

1.1.1　自然地理环境概况

　　本研究以长江河口区域为研究对象,研究区总面积为 13929.75km^2,位于中国东部沿海,南部与杭州湾相邻,北部与江苏省接壤,西部与东海相连(30°33′—32°8′ N,120°50′—122°7′E)。该区域陆地上水系发达,具有密集的河网;河口区域由于径流和潮流之间强烈的相互作用,形成独特的沉积学特性,在这种沉积作用下接收了长江带来的大量沉积物,这些沉积物在河口区域形成了广阔的潮滩(浅滩)和水下三角洲,发育形成了典型的河口滨海湿地。

1. 地质地貌概况

长江河口地层为第四纪复杂沉积物，粗细颗粒物相互沉积成层，并有一定规律性。上层多为近代长江河床冲积物，以细粉砂和轻亚砂颗粒为主，厚度变化较大，多呈透镜体夹层的尖灭层；下层多为灰色淤泥黏土层和黏土层表层，主要是粉细砂颗粒；北导堤土层一般厚 0.5~2.0m，南导堤上段土层更厚，最厚处达 6m（关道明，2012）。

长江从徐六泾向下的河道逐渐变宽并且多级分汊（图 1-1），水流速度也相应减小（失去河岸的约束），导致水流的挟沙能力快速减弱，水体中所携带的泥沙在各个分汊河道入海口附近淤积形成拦门沙区域，在河流的纵剖面上形成上下游的上凸形地貌形态。正是这些泥沙的淤积，最终形成了长江河口典型的崇明岛湿地、九段沙湿地及南汇边滩湿地等多个湿地。

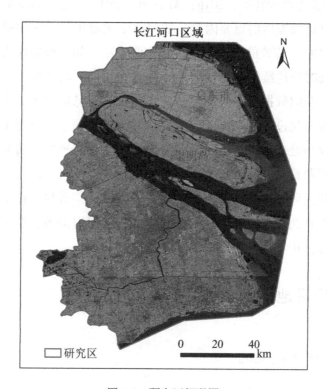

图 1-1　研究区概况图

2. 气候与水文特征

研究区属于亚热带季风气候，温暖湿润，四季分明，年平均气温为 15.7℃，最冷、最热月份的平均温度分别是 1 月的 4.2℃ 和 7 月的 27.3℃。年平均降水天气为 118

天，年均降水量为1145mm。全年降水集中在4—9月，尤其是5—6月的梅雨季节(Liao et al.，2007)。

长江河口区域的潮汐属于正规半日潮，横沙站资料显示，其多年平均潮差为2.61m。由于长江口潮间带区域地势平坦，该区域受潮涨潮落的周期性影响，盐度也随高程变化而有差异，因此，不同湿地的环境条件具有区域特性。潮汐的变化直接影响了滨海湿地生物的格局及其过程(关道明，2012)。

根据大通站多年资料统计(1950—2008年)，长江多年的平均输沙量为$3.99×10^8$ t(关道明，2012)。但自2000年来，三峡工程、南水北调、上游新修水库、生态恢复措施等导致长江入海携带泥沙量大幅减少，并且未来有继续下降的趋势(李明等，2006)。输沙量减少导致长江河口新的湿地生成速率减小。

1.1.2　社会经济环境概况

研究区的行政区域包括整个上海市、苏州的太仓市、南通的海门区和启东市。根据2017年上海市统计年鉴、江苏省南通市和苏州市的统计年鉴可知，至2016年末，研究区总人口为2702.7万人，国内生产总值为31215.68亿元，其中第一产业占比仅为0.85%，第二产业占比为31.77%，第三产业占比为67.38%。

改革开放以来，长江河口区域是全国城市化较快的区域之一。城市化过程中，整个研究区的土地利用和土地覆盖(Land-Use/Land-Cover，LULC)发生了巨大的变化。受持续的城市化和气候变化的影响，研究区湿地生态系统面临湿地结构和生态功能退化风险，出现了湿地面积萎缩、生物多样性降低、外来生物入侵、湿地污染等生态环境问题(高宇等，2017)。

1.1.3　长江河口湿地资源概况

长江河口具有丰富的湿地资源，包括了广阔的滨海湿地和发达河网组成的内陆水体湿地。滨海湿地主要分布在崇明东滩、启东岸滩、南汇东滩、横沙东滩、九段沙及邻近的沿江沿海区域。其中崇明东滩湿地较典型，在大部分年份吴淞零点以上面积超过$250km^2$，是长江口规模最大、发育最完善的滨海湿地。滨海湿地主要类型包括滩涂(裸潮滩)、河口与浅海水域、芦苇湿地、藨草属湿地、米草属湿地等。内陆湿地主要包括内陆沼泽和内陆水体，其中内陆水体有河流、湖泊、非养殖水库、沟渠、养殖池塘和其他水体。本书在考虑长时序遥感制图中效率与精度的前提下，根据成因分类法、景观特征分类法、用途分类法对长江河口湿地生态系统分类，详见表1-1。

表 1-1 长江河口湿地遥感分类系统

1级	2级	3级	4级	定 义
湿地	滨海湿地	盐沼湿地	芦苇湿地	生长芦苇植物为优势物种的潮滩
			米草属湿地	生长大米草、互花米草等米草属植物为优势物种的潮滩
			蔗草属湿地	生长蔗草或海三棱蔗草植物为优势物种的潮滩
			碱蓬等混合群落湿地	生长碱蓬属、蔗草属等混合植物群落的盐沼湿地
		裸潮滩		遥感影像上无植被光谱信号的裸潮滩
		河口与浅海水域		理论上以-6m 等深线为界线，但实际操作无法界定，本书为研究区范围的所有浅海水域和河口水域
	内陆湿地	内陆沼泽		草本沼泽，生长季节伴随浮水植物或生长了挺水植物
		内陆水体	非养殖水体	河流、湖泊、非养殖水库、沟渠，以及其他过渡性水面
			养殖水体	鱼、虾养殖池塘、蟹田、基塘等
非湿地	不透水面			建筑用地、交通用地等
	农业用地			种植农作物及其设施的土地
	林地			生长乔木、灌木、竹类等林业用地
	草地			以生长草本植物为主、覆盖度在 5%以上的各类草地
	未利用地			以上未包含的过渡利用地

1.2 湿地长期遥感监测研究现状

1.2.1 湿地分类体系研究现状

湿地遥感分类是湿地遥感研究的基础，是湿地遥感理论发展的核心问题之一。然而，湿地具有高度景观异质性、结构与功能复杂性、不同区域间湿地类型高度差异性等特点，这些特点导致制定一个统一的符合多目标、多学科特点的分类体系非常困难（陈建伟等，1995；牟晓杰等，2015）。目前，传统的湿地分类方法包括成因分类法、特征分类法和综合分类法（倪晋仁等，1998；徐庆红等，2014）。例如，《关于特别是作为水禽栖息地的国际重要湿地公约》（以下简称《湿地公约》）中拉姆萨尔（Ramsar）湿地分类系统按照成因属性把湿地分成天然湿地和人工湿地两大类，其中天然湿地按照景观要素和特征又分成海洋/海岸湿地（包括下一层级 12 小类）和内陆湿地（包含下一层级 20 小类），人工湿地按照用途属性又分成灌溉地、水产池塘、盐田等 10 小类（张建龙，2001)。类似地，唐小平等(2007)基于湿地成因、特征与用途分类的方法构建了中国湿地分类系统。该分类系统总共包括6个层级，其中，第一层级包括天然湿地和人工湿地，第二层级把天然湿地分成滨海湿地、河流湿地、湖泊湿地和沼泽湿地4类，把人工湿地分成水利用途湿地、水产养殖用途湿地、农业用途湿地、矿业开采湿地和城市湿地5大类，依次在这些层级下细分到第六层级，可供不同应用目的的研究者采用。陈炜等(2017)基于地理区域、地貌类型和植被形态的分类标准把GlobeLand 30m地表覆盖数据中的湿地细化成潮间带森林沼泽、潮间沼泽、淤泥质海滩、河口三角洲、河流洪泛湿地、季节性湖泊沼泽、森林沼泽及沼泽湿地8类。上述几种湿地分类系统在特定的研究中起到了重要作用。然而，现有的湿地分类系统大多在实地调查的基础上，根据不同类型湿地共性和差异性构建分类标准，多数分类系统不是基于遥感视角考虑的。此外，多数传统分类系统存在分类过于精细、类别间边界模糊、定义中语义不清晰等多种问题，多数情况很难在实际遥感分类中完全实现。因此，迫切需要构建基于遥感视角的湿地分类系统。

这些问题已受到遥感学者的重视，并针对不同尺度的湿地遥感制图与应用来解决相关问题。在国家尺度上，牛振国等(2009)在综合考虑《湿地公约》和中国湿地调查分类成果的基础上，提出了基于遥感的中国湿地分类体系，在该分类体系中，湿地分成滨海湿地、内陆湿地和人工湿地三大类，其中滨海湿地和内陆湿地又包含4小类，人工湿地包括6小类。该分类体系的优点是较好地吻合了公认度高的《湿地公约》分类体系，又合理归并了很多小的类别，但也存在部分小类的语义不明、类别归并有歧义等问题。宫鹏等(2010)针对这些问题，修正了相关语义问题及部分小类，重新归并制定了新的中国湿地遥感制图分类体系，使得湿地遥感制图更具有参考性和可比性。在区域尺度上，湿地遥感分类体系更精细，更符合实际管理需要，然而不同的研究者所采用的分类系统通常不一致。温庆可等(2011)基于海岸地貌学、河口生态学的理论方法，在Ramsar湿地分类系统的基础上确定了环渤海地区湿地分类系统。该系统把湿地分成天然湿地和人工湿地两大类，其中天然湿地包括河流水面、湖泊水面、海涂、滩地、碱蓬地和芦苇地，人工湿地包括水库和坑塘、盐场和水稻田。王毅杰等(2012)研究了长江三角洲城市群区域滨海湿地的时空变化特征，概括地把滨海湿地利用类型划分成天然湿地、农业用地和建设用地重点分析，并未具体考虑湿地类型划分。刘红玉等(1999)基于人类活动干扰强度、水文因素、地貌和植被因素，建立了不同尺度下(1∶20万、1∶50万、1∶100万)三江平原湿地景观制图的分类系统，该系统把湿地分成自然湿地景观、半自然湿地景观和人工湿地景观3大类，每个大类又分成若干小类。相较于其他的区域分类系统，该分类系统的优点是构建了同一区域不同尺度下的遥感分类系统，为该区域湿地环境地理信息系统的建设提供了基础。在全球尺度上，单独绘制全球湿地的产品不多，但全球地表覆盖产品中都包括湿地产品，如 USGS 绘制的 IGBP DISCover 全球地表产品（Loveland et al.，2000）、欧洲委员会联合中心绘制的 GLC2000 产品（Bartholomé et al.，2005）、日本绘制的 GLCNMO（Tateishi et al.，2011）、中国绘制的陆表湿地潜在分布区制图（朱鹏等，2014），这些产品由于所使用的数据源和分类系统不同，差异很大，缺乏可比性（Nakaegawa et al.，2012；朱鹏 et al.，2014）。

总结可知，现行的遥感湿地分类方案均是基于传统的湿地分类方案进行改进的，不同尺度的湿地分类方案差异很大，并未有统一的湿地分类方法。值得重点关注的问题是，构建基于遥感视角的湿地分类系统，除了确定语义明确的分类标准（条件），还需要权衡不同尺度湿地遥感分类的效率与精度之间的矛盾，这是目前多数分类系统需要加强的。而对于长时间序列的湿地遥感监测，还需要考虑遥感制图中不同数据源的空间分辨率、尺度效应等因素，这在未来需要做进一步的研究。

1.2.2　湿地分类方法研究进展

遥感图像分类是将图像中每个像元，根据其不同波段的光谱亮度、空间结构特征或其他信息，按照某种规则或算法划分不同类别（赵英时等，2003）。目前，除传统的目视解译方法外，大量的自动分类算法被广泛应用于湿地分类研究，如专家分类法（刘吉平等，2016）、分层分类法（Wright et al.，2007）、支持向量机（任琼等，2016）、随机森林算法（Mutanga et al.，2012）。通常而言，遥感影像的分类算法可归纳为监督分类和非监督分类，或自动分类、半自动分类和目视解译，或像元分类与亚像元分类，或参数分类与非参数分类。为了便于比较，本书将遥感图像分类分为基于像元的分类、基于亚像元的分类和面向对象的分类。

基于像元的分类通常是通过合并与训练样本具有相同光谱特征的像元而得到分类结果的方法（Lu et al.，2007）。训练样本中的所有像元对分类结果都有影响，但忽视混合像元的影响。基于像元的分类可以是参数分类，也可以是非参数分类。参数分类方法需要假定遥感影像的灰度值（反射率值）呈正态分布，因此，可以从训练样本提取参数值。但是，在实际应用中，遥感影像的 DN 值并不总是呈正态分布的，尤其是地物复杂的区域。另外，训练样本的典型性和数量大小都会引入不确定性到分类过程中（Li et al.，2014；Ai et al.，2017）。此外，基于参数的分类方法主要根据光谱信息分类，难以集成空间信息和其他辅助数据（贾坤等，2011）。应用较广泛的基于像元的参数分类方法是最大似然法，该算法操作简单，易与先验知识融合（王圆圆等，2004）。非参数分类法既不需要数据符合正态分布，也不需要统计参数来分离不同的类型，因此适用于非光谱数据分类过程(李春干，2009)。较典型的非参数方法包括神经网络法、支持向量机、决策树分类法等。

基于像元的分类方法假定每个像元只有一种地物，而实际中每个像元都包含多种地物，属于混合像元(赵英时等，2003)。因此，对于中、低分辨率遥感数据而言，普遍存在大量的混合像元，为了得到每个像元不同地物所占的比例(丰度)，就需要使用基于亚像元的分类方法进行分类(卫建军等，2006)。所谓亚像元分类，又称为混合像元分类，目的是得到混合像元内部各种地物类型组分的面积比例信息(任武等，2011)。与像元级分类相比，亚像元分类方法提供了一个更适当的表达和更精确的地表覆盖面积估算，这种优势在中、低分辨率数据的应用中尤其突出(陈晋等，2001)。广泛应用的基于亚像元的分类方法是混合光谱分解法(Spectral Unmixing)(Somers et al.，2011)。基于亚像元分类的一个缺陷是其精度验证难以评估(Small et al.，2006)，在湿地应用中尤为突出，因为湿地的可达性比较差。

随着大量高分辨率的遥感影像数据的出现和广泛应用，以像元或亚像元为基本分类和处理单元的局限性越来越明显，如分类后的"椒盐"现象和复杂景观的空间信息利用不足导致分类精度低(Duro et al.，2012)。在这一背景下，面向对象的分类方法是解决这些问题可期待的方法。在面向对象的方法中，影像首先根据某一规则把具有相同属性的像元分割成可供分类的对象，其基本处理单元不是像元，而是被分割后的对象。

相对于基于像元的分类方法，面向对象的方法主要有如下优点：①除有效地利用光谱信息外，还能够有效地集成形状、纹理和上下文等空间信息应用于地物分类，提高分类精度(Blaschke et al.，2010)；②平滑同类对象受环境条件的局部变异，从而减少"椒盐"现象，提高分类精度(张俊等，2010)；③通过多尺度分层结构组织分类，可以有效地解释类别之间的联系、层次关系，使其分类更符合生态学意义上的类别(李春干，2009)；④基于时空信息的影像分割，更容易确定模糊边界，也能减缓由于空间匹配误差引入的分类错误(McDermid et al.，2008)。近几十年来，面向对象的方法已经广泛应用于湿地监测研究。然而对于复杂的河口海岸湿地环境，面向对象的方法在解决不同数据源、不同空间尺度和具体目标的研究中存在诸多的不确定性，还需要在未来研究中进一步探讨。

在实际应用中，不同的分类方法均具有各自的优缺点，需要根据研究目的、研究区的大小和影像数据源的分辨率(光谱分辨率、时间分辨率和空间分辨率)选取某一分类方法或多种方法来完成研究目标。Owers 等(2016)基于 LiDAR 数据和航拍高分辨率数据，运用面向对象分类方法对小区域的滨海湿地植被结构的空间复杂性制图，其分类精度达到 90%，它强调了对滨海湿地植被结构的空间变化进行制图，对于湿地生态服务价值的估算和保护具有重要意义。刘婷等（2017）利用 Landsat 数据和人机交互的解译方法基于像元尺度对 5 个时期辽河三角洲滨海湿地进行了分类，其分类的 Kappa 系数均高于 0.83，并在此基础上分析该湿地景观格局变化及其驱动机制。刘迪（2017）基于多源遥感数据，运用 SMA 算法对内蒙古鄂尔多斯遗鸥国家级自然保护区进行分类和变化诊断，发现 2000—2010 年该湿地退化特别快。

1.2.3　湿地变化检测研究进展

湿地的变化检测分析是研究湿地的演变规律和驱动机制的基础，对于管理部门制定相应的湿地保护和生态修复政策具有重要参考价值（白军红等，2005；李利红等，2013）。目前，光学遥感数据和微波遥感数据在湿地的变化检测中应用广泛（王莉雯等，2011；孔凡亭等，2013）。本小节基于研究目的，重点回顾了光学遥感数据在湿地变化检测中的研究进展；同时，根据对同一区域变化检测使用到的影像数量/频率，把湿地变化检测方法分成两类：基于二时相或稀疏时间序列遥感数据的二时相变化检测方法和基于时间序列遥感数据（每年检测的影像不小于一景或接近一景）的时序变化检测方法。通常，基于二时相变化检测方法能够较好地检测到突变过程，而需要时序变化检测方法才能检测出生态系统的渐变过程（Vogelmann et al.，2016）。

基于二时相的湿地变化检测方法已经广泛应用于湿地变化研究（张杰等，2007；蒋锦刚等，2012）。常见的二时相变化检测技术包括影像差值法、影像阈值法、分类后比较法、影像回归法、变化矢量分析法、边界统计法和分割方法（Coppin et al.，2004；Zhu，2017；张良培等，2017），而分类后比较法在湿地变化检测中仍然是应用较广泛的方法（许吉仁等，2013；程敏等，2017；陈琳等，2017）。张敏等（2016）利用1984—2014 年 11 个时期的 Landsat 数据和"高分一号"影像基于分类后比较技术，评估了白洋淀湿地景观格局变化和驱动机制，结果表明主要景观类型挺水植物湿地呈减少趋势，纯水体呈先增加、后减少、再增加的趋势，人口和社会经济发展是其变化的主要驱动力。刘伟乐等（2015）应用 NDVI 植被指数和第一主分量波段对传统的影像差值法进行了改进，提取了两景"高分一号"遥感影像的湿地变化信息，结果表明在湿地变化检测中改进的影像差值算法的效果比传统的分类后比较法的效果好。

时序变化检测方法可确定湿地生态系统长期变化特征、趋势和驱动机制，如围垦、海平面上升、台风或风暴潮对湿地植被演替及其生态系统服务变化的长期影响，一直受到湿地研究者的密切关注（Klemas，2013a，2013b）。然而，相比于森林生态系统和农田生态系统，长时间序列遥感数据较少应用于湿地监测与管理应用(Moffett et al.，2015)。理想的高频长时间序列遥感数据应该是基于相同或相似的环境条件获取的，比如相同的季节、相同的太阳高度角及相同的波谱波段，关键是必须具备获取满足湿地监测的时空分辨率的长时间序列的历史数据源，这在一定程度上限制了长时间序列在湿地方面的应用(Klemas，2013a，2013b)。对于河口海岸湿地生态系统而言，河口水文和潮汐的非周期性变化，使得生成长时间序列湿地遥感数据产品更具有挑战性。常见的时序变化检测技术包括分类后比较法、轨迹拟合法、光谱-时间轨迹法和基于模型的方法(Banskota et al.，2014；汤冬梅等，2017)。Murray 等 (2014)利用基于时间序列的 Landsat 系列卫星数据跟踪研究了黄海区域滨海湿地退化特征，其研究表明滨海湿地面积大幅度减少。Fickas(2014)基于 Landsat 系列数据对俄勒冈州湿地成功进行了1972—2012 年年际变化检测。这些研究表明长时间序列的 Landsat 数据能够监测海岸带湿地的长期变化。Ghosh 等(2016)基于 MODIS 数据和植被指数的方法首次监测潮汐湿地生物物理特征长期变化，该研究可为湿地保护和恢复提供决策依据。Gallant (2015)在总结前人研究的基础上，对于长时间序列遥感监测湿地提出了三个首先要解决的问题：①对于区域至全球尺度的湿地监测，发展什么样的方法和数据产品能够满足需求？②开发哪种新技术和传感器/多传感器可获取更高的湿地监测精度和一致性变化检测？③长时间序列遥感数据是否能够揭示气候变化和土地利用/土地覆盖变化对湿地变化的响应？Gallant (2015)提出的这三个问题，系统地总结了长时间序列遥感在湿地应用中的发展方向，还需要在未来研究中落实。

1.2.4　湿地生态系统服务功能遥感研究进展

随着 2005 年"千年生态系统评估"项目的启动，生态系统服务功能研究越来越受到重视。遥感在大尺度、复杂的自然和社会经济耦合生态系统研究中起到了关键的作用，并且已经广泛应用于湿地生态系统服务价值的定量估算与制图研究(Ayanu et al.，2012；尹占娥等，2015)。通常，基于遥感的生态系统服务的定量评估包括以下两个过程：①基于遥感数据反演得到与生态系统服务价值相关的代理变量，如生物量或土地覆盖类型；②基于代理变量通过建立一定的逻辑关系模型，计算出生态系统服务价值。代理变量获得的方法主要包括回归模型方法、辐射传输模型方法和土地利用/土地覆盖分类方法。

回归模型方法就是利用线性或非线性回归模型，基于实地获取的有限样本数据信息(如生物量)与辐射传输信号或植被指数等反演出代理变量，再应用代理变量与生态系统服务价值建立相关模型得到最后结果(Ayanu et al.，2012)。例如，植被指数 NDVI

与生物量之间建立回归模型获得农田的粮食收获产量(赵文亮等,2012),在此基础上可利用单位面积产量的价值换算出农田的供给服务价值。基于经验或半经验回归模型的方法计算代理变量,受传感器的光谱分辨率、空间分辨率及时相分辨率的影响较大,其鲁棒性和可移植性较差(Li et al.,2014)。这些不确定性都可能导致回归模型方法计算的生态系统服务价值具有相应的不确定性。

与经验关系不同,冠层辐射传输模型方法是基于辐射传输过程中地物属性对电磁辐射的反射、吸收和透射原理而反演获得生物物理化学参数的估算(颜春燕,2003),然后换算得到生态系统服务价值的方法。例如,Ai 等(2015)基于 PROSPECT 辐射传输模型计算获得了湿地植物互花米草冠层叶片叶绿素含量,叶绿素含量是该类型湿地生理状况的一个重要参量,可以反演生产力或生物量,进而计算其生态系统服务价值。辐射传输模型考虑了冠层电磁辐射传输特征与生化参量属性之间的对应关系,具有更强的鲁棒性和可移植性(肖艳芳等,2013)。但辐射传输模型也受限于对地表过程和相应代理变量的深入认识。

基于土地利用/土地覆盖代理变换的方法已经广泛应用于生态系统服务价值估算和制图的研究(傅伯杰等,2014)。遥感提供研究区的土地利用/土地覆盖具体类型信息,然后根据先验知识对每个类型的土地覆盖类型进行生态系统服务价值分配。土地利用分类方法可参见1.2.2小节。生态系统服务价值的精度主要取决于土地利用/土地覆盖分类精度及其分类的精细程度。

1.2.5 河口湿地长期遥感监测的挑战

相较于传统的野外调查,基于卫星遥感的湿地监测,不但没有进入性的盲区缺陷,而且具有可进行大面积、快速动态的监测且费用低廉等特点,因此遥感常成为河口海岸湿地调查和管理优先考虑的技术手段(Adam et al.,2010)。然而,对河口海岸湿地的卫星遥感时序变化监测也面临一些挑战。

第一,河口海岸湿地土地覆盖类型多样,生物多样性高,自动遥感分类的精度常常不理想,而手动分类的精度高,效率却很低,二者很难平衡。河口海岸区域覆盖的植物类型包括挺水植物、浮叶植物、漂浮植物和沉水植物等,光谱异质性高,极易造成"同物异谱,同谱异物"现象,给湿地遥感自动分类带来了极大的困扰(Kelly et al.,2009;Mishra et al.,2015)。同时,河口海岸湿地常常呈破碎的斑块状分布,单一斑块的大小常小于像元大小,造成中低分辨率卫星数据应用过程中可能存在大量的混合像元,这进一步提高了对传感器分辨力的要求,给卫星遥感监测滨海湿地在数据获取的选择性方面带来了很大的挑战(Townsend,2002)。另外,湿地变化时序监测受云、雾霾等大气条件的影响(Gallant,2015),常常由于缺乏高质量的时间序列遥感数据而无法达到监测目的。

第二,在人为干扰和气候变化的共同作用下,河口海岸湿地生态系统演替周期明显快于森林生态系统等陆地生态系统(Zhao et al.,2009),致使其地物反射波谱和能量后向散射特征可能在短短几天或几月内(或季节性)就有显著差异(Gallant,2015),给湿地卫星遥感长期监测带来很大的不确定性。艾金泉(2014)与Ouyang等(2013)研究表明湿地植物群落在不同生长物候期间的光谱特征具有显著差异,短期内,可利用其物候特征进行高精度的遥感制图;针对长期而言,湿地的物候特征极易受外界环境(如植被格局演变)的影响,导致遥感监测的不确定性。

第三,剧烈的环境梯度使得河口海岸湿地地物反射波谱或后向反射特性有很强的不确定性(Adam et al.,2010;王莉雯等,2011;Gallant,2015)。例如,涨潮时,潮汐会直接降低湿地植被红边区域和近红外区域的光谱特征值(Turpie,2013),然而,细微的地形影响可能导致对光谱特征值的影响程度差异很大(Zomer et al.,2009),这给湿地监测带来很大的不确定性。

总之,从遥感视角来看,湿地是一个"移动的目标",代表了与水有关的生态系统,而不是一个单一的覆盖类型(Gallant,2015)。剧烈的环境变化与多样的湿地覆盖类型间的相互转变常常导致单一的遥感监测算法无法获得一致的高精度的时间序列湿地地图。这需要在未来的研究中找到合适的方法来解决这些问题。

1.3　长江河口湿地长期遥感监测研究思路

1.3.1　长江河口湿地长期遥感监测亟待解决的问题

长江河口湿地是国际公认的生态敏感区,从20世纪80年代开始,针对该湿地应用遥感技术开展了大量研究,并在以下方面取得了可喜的进展:①湿地光谱特征(高占国等,2006;张杰,2007;Ouyang et al.,2013);②湿地分类与变化检测(黄花梅等,2005;沈芳等,2006;田波,2008;管玉娟等,2008;黄花梅,2009;李希之,2015);③湿地碳源/汇估算、生产力估算、生态系统服务价值评估(吴玲玲等,2003;童春富,2004;杨红等,2008;严燕儿,2009;郭海强,2010;宗玮等,2011;刘钰,2013;陆颖,2014;严格,2014;仲启铖等,2015;Ge et al.,2015a;Ge et al.,2016);④湿地脆弱性(王宁,2013;Wang et al.,2014;崔利芳等,2014;Ge et al.,2015b;Cui et al.,2015)。然而,这些研究均属于短期或者稀疏时间序列监测研究,连续、长期的遥感监测研究未见系统报道。总结前人的研究成果,遥感技术应用于河口海岸湿地生态系统演变过程与驱动机制等方面的研究还存在以下不足：

（1）对于快速演变的长江河口湿地，目前多数研究仍然使用二时相或稀疏时间序列遥感数据分析湿地演变过程。这些研究采用的数据源不同、监测技术与方法不同、侧重点不同及不同学者的湿地制图水平不同，导致目前的湿地产品存在时空不连续、一致性差、精度不高等缺点，以及关于湿地长期演变特征与机制研究的结果可比较性差，结论可靠性不强。构建高质量长时间序列的湿地遥感产品，可能是分析、解决这一问题的有效办法。然而，如何构建连续一致的长时间序列河口湿地遥感产品并揭示人类活动与气候变化对河口湿地演变过程与机制的双重影响，是急需攻克的难题。

（2）长时间序列视角下，长江河口湿地生态系统结构与功能的长期演变特征、规律和机制的定量研究问题。目前，未见基于长时间序列视角分析该湿地长期演变过程与规律的研究文献，本书尝试研究该问题，并试图提出基于湿地生态系统长期演变规律的湿地生态保护与修复建议。

（3）长江湿地生态系统退化机制与修复问题是湿地研究的热点问题，然而，基于湿地生态修复视角的遥感长期监测研究很少。如何把长期监测的湿地遥感产品有效地应用于湿地生态恢复工程，是一个非常有意义的研究课题。为完成这一目标，需要搞清楚生态恢复工程的实施过程中湿地生态系统的长期演变规律可为湿地生态恢复决策提供哪些依据，湿地生态恢复的起点和终点的参考标准是哪些。只有理解湿地生态系统的长期演变过程、规律和机制，才可能找到这些问题的答案。

（4）多数研究缺乏多学科、多视角的综合分析，缺乏多要素综合分析，未能有效地将长时间序列的遥感观测数据集成到湿地生态系统管理应用中，导致湿地保护和修复未能达到预期效果。

1.3.2　研究思路

为了研究长江河口湿地生态系统的结构和功能的长期演变过程、特征及其机制，本研究可分为四个阶段：数据收集阶段、湿地年际产品生成方法开发阶段、湿地生态系统结构与功能长期演变特征分析阶段及驱动机制分析阶段（图 1-2）。第一个阶段是数据收集，包括作为主要数据源的 Landsat TM/ETM+/OLI 数据，作为补充数据的 HJ-1A/1B 数据和 GF-1 WFV 数据，作为验证数据的航拍数据、谷歌地图高分数据，以及实地考察的 GPS 数据和历史文献资料数据。第二个阶段主要是开发基于面向对象制图框架的方法来生产高质量长时间序列的湿地遥感产品。第三个阶段是基于湿地遥感产品分析长江河口湿地生态系统结构和功能的长期演变特征。第四个阶段是分析长江河口湿地生态系统长期演变的驱动机制，最后提出基于长江河口湿地生态系统长期演变规律的湿地保护和生态修复建议。

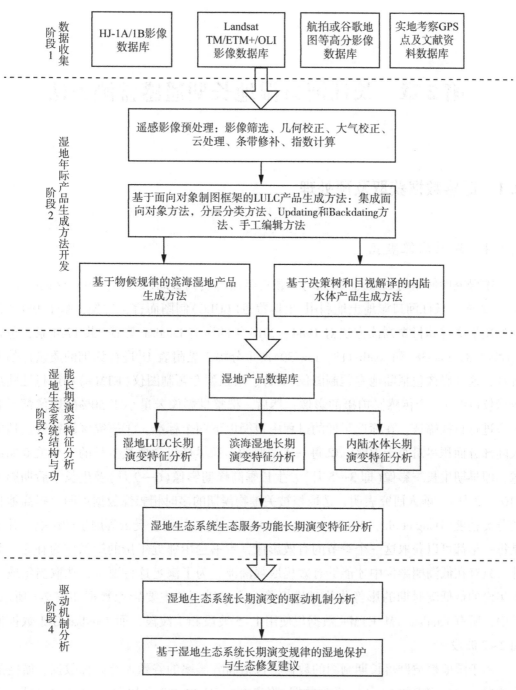

图 1-2 本研究的技术路线图

第2章　长江河口湿地长期遥感监测方法

2.1　遥感数据获取及预处理

2.1.1　遥感影像数据

本研究中使用的 Landsat 影像均下载自美国地质调查局(USGS，http://glovis.usgs.gov/)。对于长江河口湿地土地利用/土地覆盖(LULC)制图而言，首先，基于 USGS 的原始质量文件和目视判读方法对 1984—2016 年的所有 Landsat 影像[共 1774 景，包含(path-118，row-38)和(path-118，row-39)两个分幅，见附表 1]进行详细的质量评估和统计，这些影像包括陆地专题制图仪(TM)、增强型专题制图仪(ETM+)和运行性陆地成像仪(OLI)三个传感器拍摄的影像；然后，把整景影像云量小于 50% 的影像都下载下来进行目视筛选。在筛选影像的过程中遵循以下两个标准：①研究区域被云遮挡的大陆部分面积尽量小于 10%；②每一年选取的影像尽量包含植被生长的三个关键期影像，即早期生长季影像(即 3—5 月)、生长季高峰期影像(6—9 月)及生长季后期影像(10—12 月)。前人研究表明，选取植被关键物候期的多时相影像数据可明显提高地物的分类精度(Dong et al.，2015；Sexton et al.，2013)。然而，受云等因素的影响，并不是每一年都可以获取这三个季节的有效影像，本书选用邻近年份的影像作为补充。此外，只有在低潮期影像中才能够有效提取裸潮滩，为了满足这一要求，选取当年或邻近年份的最低潮时期的影像作为基准影像。本书用到的主要影像数据如表 2-1 所示。其中，所有 Landsat TM/ETM+ 数据仅使用 1~5 波段和 7 波段，而 Landsat OLI 数据使用 2~7 波段。

用于湿地植被群落长期制图的数据，包括高分辨率的谷歌遥感影像数据、航空遥感数据、中分辨率的 Landsat 系列数据(附表 1)、HJ-1A/1B 数据和 GF-1 WFV 数据(表 2-2)。高分辨率的影像数据主要用于获取先验知识和制图精度验证，中分辨率数据主要用于长时间序列滨海湿地制图及其演变过程分析。具体来讲，除了附表 1 所用到的数据，还有 2000 年 Landsat EVI 时间序列集(仅行列号为 118/038 数据)数据用于物候

表 2-1　用于 LULC 制图的影像与 Updating/Backdating 的时间分配

年份	"春季"	"夏季"	"秋季"	低潮影像	Updating/Backdating 时间分配
1985	1984-04-23	1986-08-19	1985-11-20	1985-02-21	T_{-5}
1986	1987-05-18	1986-08-19	1985-11-20	1985-02-21	T_{-4}
1987	1987-05-18	1988-07-07	1987-12-28	1987-05-18	T_{-3}
1988	1987-05-18	1988-07-07	1989-10-30	1988-01-13	T_{-2}
1989	1990-05-26	1989-08-11	1989-10-30	1989-08-11	T_{-1}
1990	1990-05-26	1990-08-14	1990-12-04	1990-08-14	T_{0}
1991	1992-04-13	1992-07-18	1991-10-20	1991-02-22	T_{+1}
1992	1992-05-31	1992-07-18	1991-10-20	1992-07-18	T_{+2}
1993	1993-03-31	1993-06-03	1991-10-20	1993-03-31	T_{-2}
1994	1994-05-05	1995-08-12	1995-11-16	1994-05-05	T_{-1}
1995	1995-05-08	1995-08-12	1995-11-16	1995-11-16	T_{0}
1996	1996-04-24	1997-09-18	1996-11-18	1996-04-24	T_{-4}
1997	1997-04-11	1997-09-18	1997-10-20	1997-04-11	T_{-3}
1998	1998-04-14	1998-08-04	1998-11-08	1998-11-08	T_{-2}
1999	1999-04-01	1999-09-24	1999-11-03	1998-11-08	T_{-1}
2000	2000-04-27	2000-09-02	2000-11-05	2000-09-02	T_{0}
2001	2001-03-21	2001-07-03	2001-11-16	2000-09-02	T_{+1}
2002	2002-03-08	2002-07-30	2002-11-11	2002-11-11	T_{+2}
2003	2002-03-08	2003-08-02	2003-10-29	2003-08-02	T_{-5}
2004	2005-05-11	2004-07-19	2004-11-24	2004-07-19	T_{-4}
2005	2005-05-11	2005-06-12	2005-11-27	2005-06-12	T_{-3}
2006	2006-04-20	2006-08-02	2005-11-27	2006-04-20	T_{-2}
2007	2007-04-07	2007-07-28	2008-11-19	2006-04-20	T_{-1}
2008	2008-05-11	2008-07-06	2008-11-19	2008-05-11	T_{0}
2009	2009-04-28	2009-09-19	2010-12-03	2009-04-28	T_{-4}

年份	"春季"	"夏季"	"秋季"	低潮影像	Updating/Backdating 时间分配
2010	2010-05-25	2011-05-20	2010-12-03	2010-12-27	T_{-3}
2011	2011-04-26	2011-05-20	2012-11-06	2012-04-28	T_{-2}
2012	2012-04-28	2013-08-29	2012-11-06	2012-04-28	T_{-1}
2013	2013-05-25	2013-08-29	2013-11-17	2013-08-29	T_0
2014	2014-05-28	2013-08-29	2014-11-04	2013-08-29	T_{+1}
2015	2015-03-12	2015-08-03	2016-12-03	2015-03-12	T_{+2}
2016	2016-05-17	2016-07-20	2016-12-03	2016-12-03	T_{+3}

注：T_{+i} 代表向前更新，T_{-i} 代表向后回溯。

监测(通过遍历 1985—2016 年长江河口 Landsat 系列数据，发现 2000 年是所有年份中无云影像覆盖月份最多的一年，因此选择 2000 年的 Landsat 数据用于监测植被物候特征)。此外，为了进一步解决遥感数据缺失导致的时序湿地产品不连续的问题，我们还补充了相应缺失年份云量小于 15% 的 GF-1 WFV 数据和 HJ-1A/1B 数据，具体见表 2-2。表 2-2 所列数据下载自中国资源卫星应用中心(http：//www.cresda.com/CN/)。

表 2-2　本章用于滨海湿地制图的 HJ-1A/1B 和 GF-1 WFV 数据

数据类型	日　　期
HJ-1A CCD	2009-05-09，2009-11-23，2010-09-07，2016-11-05
HJ-1B CCD	2012-05-28，2012-09-02，2015-11-02
GF-1 WFV	2014-06-06，2014-08-26

受云、雾霾、降水等各种天气因素的影响，很多遥感影像数据存在不同程度的质量问题。但是整景影像数据不佳并不代表该幅影像所覆盖的所有区域影像质量都不可用。因此，为了提高影像数据的可用性，根据长江口潮滩湿地空间分布特点，将研究区划分成 7 个小区域(图 2-1)。经过分区后，碱蓬等混合群落湿地只分布在分区 1 和分区 2，其他分区就不单独划分出碱蓬等混合群落湿地类别，这大大降低了遥感制图的难度。对研究区分区制图可解决由于影像缺失造成的时空不连续的问题，本书应用

目视筛选的方法对各区影像进行选择。

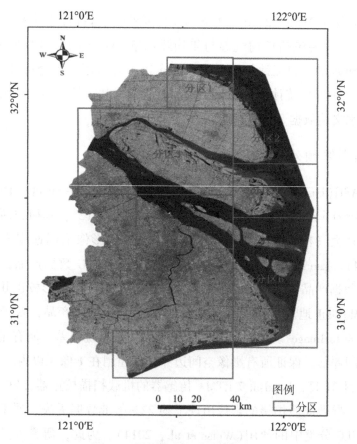

图 2-1　研究区滨海湿地制图分区

2.1.2　地面调查数据

为了获取长江河口湿地制图先验知识和验证数据，本研究对长江河口湿地进行了多次实地地面考察。自 2014 年起，对长江河口湿地共进行了 5 次野外调查，分别为 2014 年 8 月、11 月及 2015 年 5 月、9 月和 12 月。由于经费因素和不可进入性等原因，并没有对长兴岛和九段沙盐沼湿地进行实地调查，这两个区域的先验知识主要通过高分辨率遥感影像获取。

此外，为了获取滨海湿地的历史信息，笔者查阅了可获取的历史调查资料和数据，包括历史盐沼湿地分布图，以及专家和当地居民访谈获得的历史信息。例如，2005 年的野外调查验证数据主要依据黄华梅等(2005，2009)文献中提取的野外调查数据。

2.1.3　其他数据

气象数据来源于 1985—2016 年上海市统计局的《上海统计年鉴》(本书以上海市气象代表研究区)，主要包括年均气温与年均降水量。GDP 和人口数据来源于上海市、江苏省南通市和苏州市的统计年鉴，其中启东市、海门区、太仓市部分年份(1986—1989 年)的 GDP 和人口统计数据缺失，用相近年份代替。长江河口入海泥沙通量数据采用长江大通水文站数据。

2.1.4　遥感影像预处理

由于 FLAASH(Fast Line-of-sight Atmospheric Analysis of the Spectral Hypercubes) 大气校正模型在中国海岸带地区校正效果最好(韩晓庆等，2012)，本研究所有用到的影像均使用 FLAASH 大气校正方法进行大气校正。所有的影像采用通用横轴墨卡托投影(UTM/WGS-84)。Landsat 发布的免费数据包括 L1T 和 L1G 数据产品，本章用到的影像多数是 L1T 数据产品，该产品已经使用了地面控制点进行地形校正并且使用了数字高程模型(DEM)纠正地形起伏引起的视觉误差。对于 L1G 产品，基于当年的影像在 Envi 中用"Image to Image"方法进行地形配准。为纠正系统误差，所有用到的影像均经过了目视的空间评估，保证所有影像空间边界变化控制在 1 像元以内。

2003 年 5 月 31 日，Landsat 7 ETM+ 传感器的机载扫描校正器(SLC)发生故障，并且未能修复好，导致此后拍摄的影像出现了约 22% 条带数据丢失，严重地影响了该传感器数据在 LULC 分类中的使用(Weiss et al.，2014)。为此，研究人员开发了许多修复条带的技术来弥补这一缺陷(Chen et al.，2011)。本研究选用 Garcia(2010)开发的一种三维时空插值算法修复缺失值的条带(效果见附图 1)。该算法的本质是一种惩罚最小二乘回归方法，它基于三维离散余弦变换技术将原始存在的信号(值)维持不变，而最大限度地减少新插值数据的平滑效果(Garcia，2010)。与其他条带修复算法(Chen et al.，2011)相比较，该算法不需要额外辅助数据却能较准确地修复缺失的像素值(Garcia，2010；Wang et al.，2012)。目前该算法已经广泛应用于地表覆盖制图的影像条带修复(Wang et al.，2012；Gómez et al.，2015)。云及云阴影，可基于目视判读的方法进行检测和去除；对于初步分类好的湿地土地覆盖产品，基于屏幕数字化的方式使用同一年份的遥感数据替代受云和云阴影覆盖的区域影像。

2.1.5　光谱指数计算

本章构建了所有年份不同季相的多个光谱指数，用于 LULC 制图和提高分类精度，这些指数包括：增强型植被指数(Enhanced Vegetation Index，EVI) (Liu et al.，1995)、改进的归一化差异水体指数(Modified Normalized Difference Water Index, MNDWI)(Xu, 2006)和归一化建筑指数(Normalized Difference Build-up Index, NDBI)(Zha et al., 2003)。

EVI 是一个引入了土壤调节和大气阻抗概念的改进的归一化植被指数(NDVI),它对植被的物理参数如叶面积指数、生物量和绿度具有很高的敏感性(强于 NDVI),广泛应用于区分植被与非植被(Liu et al., 1995;Huete et al., 2002)。

MNDWI 是一个能够加强开放水体特征,同时可有效消除建筑、植被和土壤噪声的优化水体指数。相比于归一化差异水体指数(NDWI),MNDWI 在以建筑用地为背景的地区提取水体信息具有很大的优势(Xu, 2006)。

NDBI 是基于建筑用地在短波红外和近红外独特的独特光谱特征构建的一个指数(Zha et al., 2003),在大部分情况下能够有效提取出不透水面,但与裸露的未利用地类型常相互混淆(Xu, 2007)。为克服这一指数的缺陷,利用多时相数据的多光谱指数组合是一种常用的解决方法(Shalaby et al., 2007)。

为了提高分类精度,充分利用多时相影像的优势,本章在地物提取时反复尝试检验不同植被指数组合对不同地物的提取效果,最后确定其最佳的提取方案。同时,为了减少“更新与回溯”阶段对于模糊类别的判定(如具有植被覆盖且建筑密度较低的土地,可能被判定为建筑用地,也可能判定为农田或草地),本章构建了平均 EVI(EVI$_{ave}$)、平均 MNDWI(MNDWI$_{ave}$)和平均 NDBI(NDBI$_{ave}$)来解决这一问题。此外,EVI$_{ave}$ 可以减少植被与非植被类型由于物候差异导致的植被分类错误(Yuan et al., 2005),MNDWI$_{ave}$ 可以减少降水事件导致的水体提取错误(Sexton et al., 2013),而NDBI$_{ave}$ 可以减少土壤和植被等噪声对建筑物提取引起的分类错误。本章用到的光谱指数计算公式如下:

$$EVI = \frac{2.5 \times (\rho_{NIR} - \rho_{RED})}{\rho_{NIR} + 6 \times \rho_{RED} - 7.5 \times \rho_{BLUE} + 1.5} \tag{2-1}$$

$$MNDWI = \frac{\rho_{GREEN} - \rho_{SWIR1}}{\rho_{GREEN} + \rho_{SWIR1}} \tag{2-2}$$

$$NDBI = \frac{\rho_{SWIR1} - \rho_{NIR}}{\rho_{SWIR1} + \rho_{NIR}} \tag{2-3}$$

$$EVI_{ave} = \frac{EVI_{spring} + EVI_{autumn}}{2} \tag{2-4}$$

$$MNDWI_{ave} = \frac{MNDWI_{spring} + MNDWI_{summer} + MNDWI_{autumn}}{3} \tag{2-5}$$

$$NDBI_{ave} = \frac{NDBI_{spring} + NDBI_{summer} + NDBI_{autumn}}{3} \tag{2-6}$$

式中，ρ_{BLUE}，ρ_{GREEN}，ρ_{RED}，ρ_{NIR}，ρ_{SWIR1} 分别是 Landsat 影像数据的蓝光、绿光、红光、近红外及短波红外波段的反射率值。

2.2　长江河口湿地土地覆盖长期监测方法

2.2.1　面向对象的湿地 LULC 分类框架

本章所有年份的 LULC 分类均采用表 2-1 所示的分类系统，其中湿地分类到 3 级分类尺度，而非湿地类型仅分类到 2 级分类尺度。为了生成一致性长时间序列的湿地 LULC 产品，本章集成了面向对象影像分析、分层分类法、向前更新（Updating）与向后回溯（Backdating）等多种最新的分类方法和制图技术，构建了一种基于面向对象的制图框架（图 2-2）。在该框架中，多时相影像首先被分割生成对象，其目的是减少类别间和同类地物之间光谱异质性以提高分类精度（Hay et al.，2005；Blaschke，2010）。然后，基于规则的分层分类方法应用于影像的初始分类。在这一阶段，大量的先验知识如地物物候特征、空间特征及光谱特征用于提高分类精度。受气象等要素影响，并不是所有年份都可以获取高质量的时间序列影像，同时不同传感器存在一定的性能差异，这导致了初始的时间序列分类产品的结果出现分类错误（不一致性）。为了克服这一缺陷，本书使用 Updating 和 Backdating 方法减少错误分类以提高分类的准确性（提高一致性），从而生成高质量的 LULC 地图。最后，对最终的 LULC 地图进行精度评估。

2.2.2　多时相影像分割

对于面向对象的影像分析方法而言，影像处理的基本单元为对象，基本技术是影像分割。影像分割将一幅影像分割为空间上连续的、互不重叠并具有同质性的区域，这个区域称为对象（陈云浩等，2006；李春干，2009）。在本研究中，采用 eCognition© Developer 8.7 软件进行影像分割，采用的算法是由 Baatz 和 Schäpe 于 2000 年提出的多尺度分割算法。多尺度分割是从一个像素为对象开始进行自下而上的区域合并技术（Baatz，Schäpe，2000）。该算法以光谱和空间特性合并相邻像素，控制算法的主要参数有"尺度"（scale）和"同质性标准"（homogeneity criteria）。尺度在同质性标准的辅助下限制了可容忍的分割结果的最大异质性（差异性），同质性标准是由"颜色"（color）和"形状"（shape）两个参数的权重来控制。颜色代表了光谱特性，形状代表了空间特性（即影像对象的纹理同质性）。其中，形状参数又通过对象的"平滑度"（smoothness）和"紧致度"（compactness）两个参数的权重来控制。在实际应用中，需要建立一套最佳的参数组合来执行影像分割。在本书中，为保证 32 年（1985—2016 年）的 Landsat 时间序

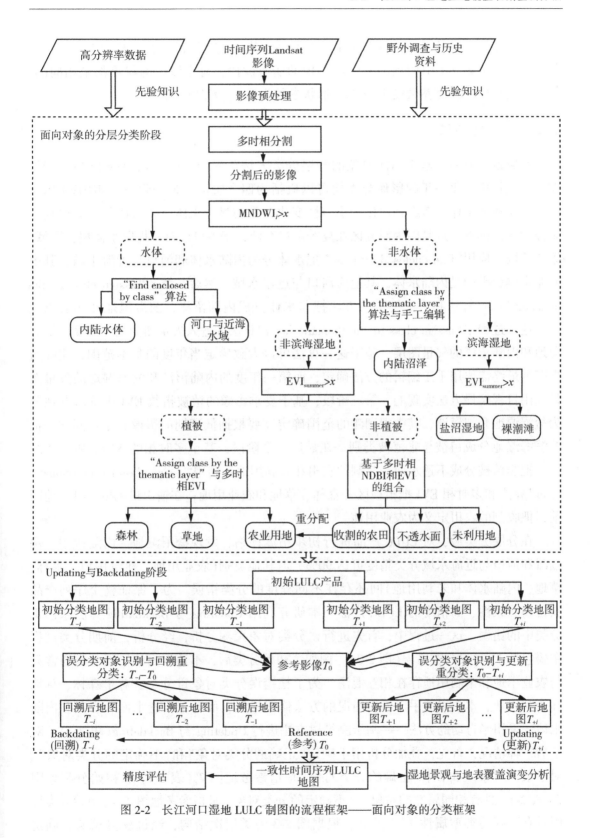

图 2-2 长江河口湿地 LULC 制图的流程框架——面向对象的分类框架

列影像产生一致性的对象，所有时序影像的分割均使用相同的参数。具体来讲，每一年分割对象为表 2-1 中用到的多时相影像的所有波段，每个波段的权重都是相同的，经过反复试验，尺度参数设定为 20，形状参数为 0.1，紧致度为 0.6。

2.2.3　分类算法

在影像分割后，基于面向对象的分层分类方法首先用于生产初始的 LULC 产品。在这一过程中，每一年的影像分类均可以概括为四个阶段。第一阶段，MNDWI 用于区分水体和非水体。考虑到水体的季节性变化非常明显，水体与非水体的区分以夏季影像为区分标准，这是因为研究区在夏季雨量充沛，基本可以有效提取水体覆盖区域。第二阶段，应用"find enclosed by class"把水体分为内陆水体和河口与近海水域，其中被非水体包围的是内陆水体，其他为河口与近岸水域。然后，结合"assign class by the thematic layer"算法和手工编辑的方法把非水体分成内陆沼泽、滨海湿地和非滨海湿地。这一过程中"assign class by the thematic layer"算法的输入矢量图为上一年度的滨海湿地和内陆沼泽的矢量图层，基于这一算法可以大致确定当年度的基本范围，实际边界范围最终需要用手工编辑的方法确定，而第一年度的内陆沼泽和滨海湿地的矢量图是利用目视解译方法实现的。第三阶段，基于夏季影像的植被指数 EVI 把滨海湿地分为盐沼湿地和裸潮滩，其中裸潮滩的范围确定需要根据低潮期的影像确定；同样，把非滨海湿地分成植被与非植被类别。在最后一个阶段，基于多时相的 NDBI 和 EVI 组合，把非植被分成不透水面、收割的农田和未利用地；利用"assign class by the thematic layer"算法和多时相 EVI 把植被区分森林、草地和农业用地；在输出最初的 LULC 地图前，把收割的农田定义为农业用地。

在分层分类后，对 LULC 产品进行初步精度评估，发现盐沼湿地、内陆盐沼、裸潮滩和河口与近海水域分类精度可达 90%，但其他类别（农业用地、建筑用地、森林、草地、内陆水体和未利用地）间还存在不同程度的分类错误。为了保证整个序列产品获得高一致性、高精度的 LULC 产品，本研究利用 Updating 与 Backdating 算法来修正分类中的错误。这一过程中，首先进行误分类对象探测分析，经分析，前期分类过程主要包括 15 种误分类错误（图 2-3）。例如，初始分类后，不透水面的错误分类通常只与农业用地和未利用地存在相互混淆。为了把错误分类对象重分类，对于森林、草地和未利用地，本书采取手工编辑错误的方法修正错误；而对于不透水面、农田和内陆水体，采用半自动的方法——基于决策树方法进行 Updating 与 Backdating（表 2-3）。对于后一种情况，首先，叠加分析用于确定"正确的分类对象"和"不确定的分类对象"。对于某一对象，本书中"正确的分类对象"是指参考地图 T_0（表 2-1）和初始分类地图 T_i（表 2-1）具有相同属性的对象，"不确定的分类对象"是指参考地图 T_0 与初始分类地图具有不同的类型属性 T_i。然后，根据图 2-3 的类层次结构，经过反复试验，确定

Updating 和 Backdating 的规则集（表 2-3）。确定规则集后，对 1985—2016 年的所有初始分类进行 Updating 或 Backdating，生成最后的 LULC 时间序列产品。如果一个对象的初始分类为农业用地，而参考地图的类别为不透水面，那么根据表 2-2 中的方法，只要满足 $EVI_{ave}<0.2$ 和 $NDBI_{ave}>0.06$，那么这个对象就 Updating 为不透水面。此外，本书应用的参考影像（T_0）是基于多时相的 Landsat 数据和高分数据目视解译生成的。关于制图过程中应用的 Updating 与 Backdating 方法的理论，本书推荐 McDermid 等（2008）的研究成果。

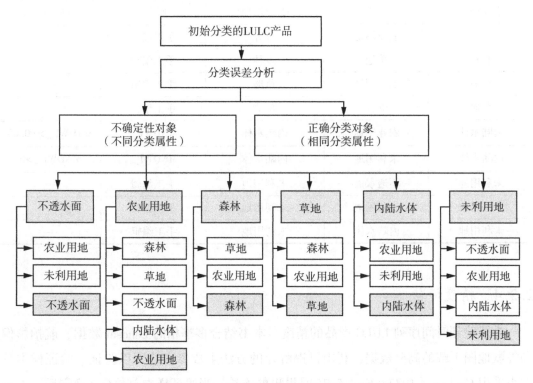

图 2-3　Updating 或 Backdating 的类层次结构

（初始分类的类用灰色框表示，把初始错分类的土地类型 Updating 或 Backdating 到新类用白色框表示）

表 2-3　不同类别对象的 Updating/Backdating 方法

参考类 （T_0）	初始分类 （T_i）	Updating/Backdating 到的类	方法（指数）	特征的参考值
不透水面	农业用地	不透水面	EVI_{ave} $NDBI_{ave}$	$EVI_{ave}<0.2$ & $NDBI_{ave}>-0.06$
不透水面	未利用地	不透水面	EVI_{ave} $NDBI_{ave}$	$NDBI_{ave}>0$

续表

参考类 （T_0）	初始分类 （T_i）	Updating/Backdating 到的类	方法（指数）	特征的参考值
农业用地	森林	农业用地	EVI_{ave}	$EVI_{ave}>0.2$
农业用地	草地	农业用地	EVI_{ave}	$EVI_{ave}>0.18$
农业用地	不透水面	农业用地	EVI_{ave} $NDBI_{ave}$	$EVI_{ave}>0.2$ & $NDBI_{ave}<-0.16$
农业用地	内陆水体	农业用地	EVI_{ave}	$EVI_{ave}>0.15$
森林	农业用地	森林	手工编辑	—
森林	草地	森林	手工编辑	—
草地	农业用地	草地	手工编辑	—
草地	森林	草地	手工编辑	—
内陆水体	农业用地	内陆水体	$MNDWI_{ave}$	$MNDWI_{ave}>-0.05$
内陆水体	未利用地	内陆水体	$MNDWI_{ave}$	$MNDWI_{ave}>0$
未利用地	不透水面	未利用地	手工编辑	—
未利用地	农业用地	未利用地	手工编辑	—
未利用地	内陆水体	未利用地	手工编辑	—

2.2.4　精度评估

为了验证时间序列 LULC 产品的精度，本书结合多季相的 Landsat 数据、航拍影像和谷歌地图下载的高分数据，利用目视解译的方法生成参考地图以验证。验证样本总大小采用 Cochran［1977，Eq. (5.25)］提出的方法。当验证样本总数（n）确定后，本书采用 Olofsson 等（2014）提出的"随机分层分配方法"确定各个土地覆盖类型的验证样本大小，即对于森林、草地、盐沼湿地（内陆沼泽归并在这类验证）、未利用地等面积稀少类型（面积不超过 5%），各个类型分配 50 个采样样本，而其他类型根据面积比例分配剩下的 n-200。对于河口与近海水域，本书不做验证，因为其分类精度几乎是 100%正确。随机抽样方法用于生成各个类别的验证点。由于精度验证需要大量的视觉分析，本书仅对 1985 年、1992 年、1998 年、2005 年、2011 年和 2016 年的分类产品进行验证。本书中抽样设计方案如表 2-4 所示。

表 2-4　本书中 LULC 验证的采样大小(n)及各个类别的样本分配

年份		1985	1992	1998	2005	2011	2016
类别	不透水面	86	152	204	294	345	405
	农业用地	1077	1014	974	905	842	767
	森林	50	50	50	50	50	50
	草地	50	50	50	50	50	50
	内陆水体	60	65	61	66	68	75
	盐沼湿地	50	50	50	50	50	50
	裸潮滩	80	73	72	60	67	67
	未利用地	50	50	50	50	50	50
总数(n)		1503	1504	1511	1525	1522	1514

精度评估采用混淆矩阵计算总体分类精度、用户和生产者精度及 Kappa 系数（Congalton et al., 2008），分类精度的计算以误差矩阵为基础。误差矩阵的形式如表 2-5 所示。

表 2-5　误差矩阵表形式

类别	X	Y	Z	行总数	运行误差
X		a	b	c	
Y	d				
Z	e				
列总数	f				
结果误差					

在表 2-5 中，以 X 类为例，运行误差为 $(a+b)/c$，结果误差为 $(d+e)/f$；

用户精度（User's Accuracy）= 100%-运行误差；

生产者精度（Producer's Accuracy）= 100%-结果误差；

整体精度（Overall Accuracy）为

$$分对率 = \frac{\sum_{i=1}^{r} x_{ii}}{N}$$

$$\kappa = \frac{\theta_1 - \theta_2}{1 - \theta_2} \tag{2-7}$$

式中，$\theta_1 = \dfrac{\sum\limits_{i=1}^{r} x_{ii}}{N}$；$\theta_2 = \dfrac{\sum\limits_{i=1}^{r} x_{i+} x_{+i}}{N^2}$；$r$ 为分类类别数；N 为总样本数；κ 为 Kappa 系数。

2.3　长江河口滨海湿地植被长期监测方法

2.3.1　滨海湿地植被物候监测方法

为了评估长江河口湿地植被物候特征，本研究采用 EVI 指数作为物候评估指标，这是由于 EVI 能够降低土壤、大气等环境的影响，其表征植被叶片的发育程度优于其他植被指数的。本研究中 EVI 植被物候曲线构建所用到的数据如表 2-6 所示，选取 2000 年每月无云 Landsat 影像 1 景；对于有云月份的影像，采用相邻年份数据进行补充。

表 2-6　用于滨海湿地植被物候监测的 Landsat 数据

日期	DOY	传感器	云量（%）	潮汐
1999-01-11	11	TM	7	高潮
2000-02-15	46	TM	10	高潮
2000-03-26	86	ETM+	0	低潮
2000-04-27	118	ETM+	0	低潮
2000-05-21	142	TM	0	低潮
2000-06-14	166	ETM+	0	高潮
2001-07-03	184	ETM+	0	高潮
2000-08-01	214	ETM+	0	高潮
2000-09-18	262	ETM+	0	低潮
2000-10-04	278	ETM+	0	低潮
2000-11-05	310	ETM+	5	低潮
2000-12-23	358	ETM+	14	高潮

注：DOY 指全年的第几天。

2.3.2　滨海湿地植被长期制图方案

本章采用的分类系统是表 2-1 所示的 4 级尺度分类系统。由于 2.2 节基于 Landsat

数据可较好地对裸潮滩和河口与浅水海域进行制图，因此本章重点对滨海湿地植被（盐沼湿地）按照群落尺度进行时序制图。大量研究表明，利用植物关键物候期的影像可大幅度提高湿地植被分类精度(Ai et al.，2017；Sun et al.，2016)。本章首先利用 Landsat 数据，构建了 EVI 时间序列数据来分析研究区的盐沼湿地植物物候特征，并结合野外调查情况确定不同植被制图的关键物候期。其次，根据分区特征，制定了长江河口盐沼植被长时间序列的遥感产品制图方案（图 2-4）。

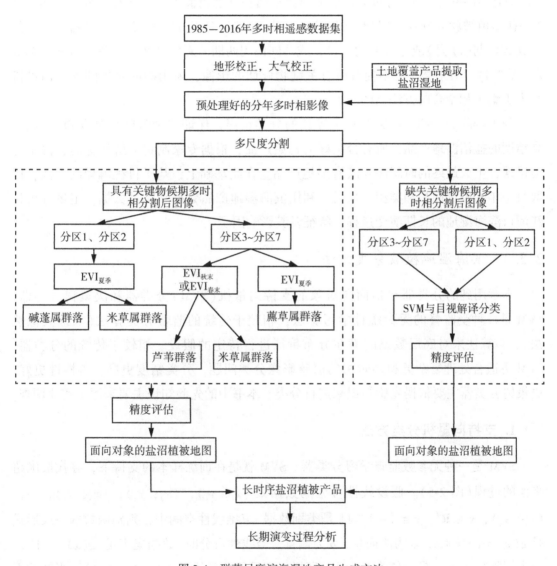

图 2-4　群落尺度滨海湿地产品生成方法

在该方案中，首先对 1985—2016 年多源多时相遥感数据集分成两类影像集：某年份具有关键物候期的多时相影像和某年份缺失关键物候期的多时相影像。然后，使用 eCognition developer 8.7 软件按年份分别建立工程文件加载这些影像，从 2.2 节生产的土地覆盖产品中提取盐沼植被范围，并应用多尺度分割算法进行二次分割。经过反复试验，多尺度分割算法的参数设置如下：所有波段的权重是相同的，都设置为 1；尺度参数为 10；形状参数为 0.1；紧凑度参数设置为 0.5。对某年份具有关键物候期的影像中的盐沼湿地分类采用顺序分层方法进行盐沼制图。首先使用生长季高峰期间的 EVI 影像（6—9 月的影像）按分区区分出藨草属和碱蓬属群落，这样对于分区 1 和分区 2 的盐沼植被就区分好了（只有两种植物群落）。然后对于分区 3~分区 7 的盐沼，则使用其衰亡期（11 月）或返青期的影像，或共同使用两期的影像来区分芦苇群落和米草群落（图 2-4）。对于某年份不拥有所有关键物候期的影像，采用面向对象的支持向量机和人工编辑相结合的方法制图。

为了排除云、潮汐和影像缺失导致的分类错误，保证整个时间序列获得一致性、高精度的盐沼湿地产品，所有分类好的初始产品，根据专家制定的解译标志，修正分类错误，生成最终的时间序列滨海湿地产品。在此基础上，基于目视解译的方法，提取每一年的围垦面积和类型。最后，利用滨海湿地产品数据和围垦数据，定量分析长江河口滨海湿地的长期演变过程、特征及其影响因子。

2.3.3　滨海湿地植被分类方法

本章用到的分类器包括面向对象的支持向量机（SVM）分类器和决策树分类器。SVM 是一种受监督的无参统计学习算法，相较于传统的监督分类算法（如最大似然法），该算法未对底层数据的潜在分布特征进行特定的假设。相较于传统的分类器，SVM 更适合处理复杂类和多时相的遥感影像分类问题，分类精度更高，鲁棒性更好。决策树分类器主要依据先验知识来进行分类。本书中的先验知识主要来源于实地调查。

1. 支持向量机分类方法

SVM 是一种无参数监督学习分类器。SVM 就是在训练样本的支持下，寻找最优超平面的过程（图 2-5）。假设线性可分的数据集 (x_1, y_1)，(x_2, y_2)，(x_3, y_3)，…，(x_n, y_n)，$x \in \mathbf{R}^d$，$y \in \{-1, 1\}$ 是类别数据。d 维线性空间中，判别函数的一般形式是 $g(x) = w \cdot x + b$，w 为法向量，b 为偏置。当线性可分时（数据集满足 $|g(x)| \geq 1$），分类间隔（margin）最大值为 $1/\|w\|$，即样本离最优分类线最近（$|g(x)| = 1$）。当线性不可分时，通过增加松弛项 $\varepsilon_i \geq 0$，且最小化其和 $\sum_{i=1}^{n} \varepsilon_i$，就可最大限度地进行分类。因此，优化问题见式（2-8）：

$$\min \quad \frac{1}{2}\|w\|^2 + C\sum_{i=1}^{n}\varepsilon_i$$

$$\text{s.t.} \quad y_i(w \cdot x + b) - 1 + \varepsilon_i \geq 0, \ \varepsilon_i \geq 0 \tag{2-8}$$

式中，C 是某个指定的常数，即惩罚因子。

引入拉格朗日乘子 a_i，可将上述问题转为求对偶最大值问题，并求解到最优分类函数：

$$f(x) = \text{sgn}\left[\sum_{i=1}^{n} a_i y_i K(x_i, y_i) + b\right] \tag{2-9}$$

式中，$K(x_i, y_i)$ 为核函数，它将高维空间转变为原空间中的函数，大大简化了计算过程。

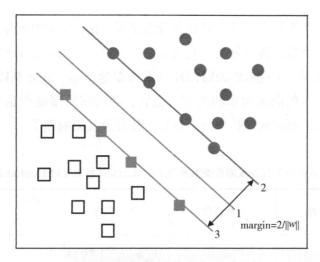

图 2-5　支持向量机分类示意图

本研究中，SVM 分类的核函数拟选用高斯核函数(RBF)。RBF-SVM 需要设定两个模型参数：惩罚因子 C 和高斯核宽度参数 γ。C 可调控错分对象的惩罚程度，实现算法的折中调整；γ 表征训练对象数据的空间分布特点，代表邻域宽度。本研究拟通过反复实验法确定 C 和 γ 的最优组合。

2. 决策树分类方法

决策树分类方法是一种树形结构的分类器，它按照自顶向下的原则构建，将数据按树形结构生成若干分支，每个分支包含某种类别的属性。训练样本集是决策树的根节点，根据某种或多种分类规则生成树(图 2-6)。决策树分类方法的关键是确定分类阈值。本研究首先根据滨海湿地植被物候曲线的拐点来确定滨海湿地植被分类的最佳季节；然后采用基于样本统计的方法确定不同植被群落的阈值，即通过目视解译每个群落选定 30 个样本数据，通过比较不同植被群落的 EVI 异同，确定最佳阈值。

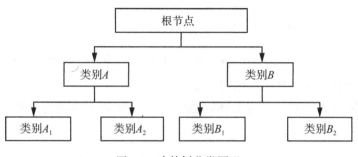

图 2-6　决策树分类原理

2.3.4　分类后处理

　　为了排除云、潮汐和影像缺失导致的分类错误，保证整个时间序列获得高一致性、高精度的滨海湿地产品，所有分类好的初始产品，根据专家制定的解译标志（表 2-7），修正分类明显的错误，生成最终的时间序列滨海湿地产品。在此基础上，基于目视解译的方法提取每一年的围垦面积和类型。最后，利用滨海湿地产品数据和围垦数据，定量分析长江河口滨海湿地的长期演变过程、特征及其影响因子。

表 2-7　长江河口不同物候期典型滨海湿地影像的解译标志（以 Landsat 数据为例）

湿地类型	5 月影像	7 月影像	11 月影像	不同时期颜色特征比较	分布特征
芦苇湿地				5 月是芦苇湿地与其他湿地颜色差别最大的月份，呈明显的深绿色，而其他植被的颜色更浅	条带状
米草属湿地				11 月是米草属湿地与其他湿地差别最大的月份，呈黄绿色，其次是 5 月，呈红绿色	片状或条带状

续表

湿地类型	5月影像	7月影像	11月影像	不同时期颜色特征比较	分布特征
藨草属湿地				由于藨草属湿地植被生长密度稀疏，6—9月是其与潮滩区分的最好的月份，颜色上呈淡绿色	片状或条带状
碱蓬等混合群落湿地				夏季NDVI值较小，受潮汐影响剧烈，6—9月低潮影像最适合用于与潮滩区分，呈淡绿色	片状或条带状
裸潮滩				裸潮滩呈现紫色或蓝紫色	片状

2.3.5 精度验证

本书使用高分辨率遥感影像数据和实地调查样点数据对盐沼湿地分类结果进行精度验证（裸潮滩和河口与浅海水域的精度验证已在2.2.4小节论述）。其中对2014年和2016年的分类结果使用高分辨率数据验证，包括航拍数据和谷歌地图数据。实地调查数据主要是2014年至2016年野外考察获取的GPS样点数据。对2005年的分类结果进行验证，主要依据黄华梅等（2005，2009）文献中提取的历史调查数据。由于经费和高分数据获取的困难性，只对 2005 年、2014 年、2016 年三年专题图进行独立验证，精度验证结果表明本研究提出的方法总体制图精度大于 80%。

2.4　长江河口水体湿地长期监测方法

水体湿地产品是从湿地土地覆盖产品上提取的更细一级数据，即利用 MNDWI 指数提取的。在这一基础上，本章利用半自动的决策树方法和人工编辑相结合的方法，把内陆水体湿地进一步分为养殖水体和非养殖池塘，具体的流程如图 2-7 所示。首先，对于 LULC 提取的水体，利用长度特征(L>10km)把河流及其支流提取出来并划分到非养殖水体；然后，基于提前准备好的永久性湖泊/水库矢量图，用"assign class by the thematic layer"算法提取出永久性湖泊和水库并划分到非养殖水体；最后，再从未划分的水体利用目视解译的方法，分成养殖水体和非养殖水体。利用 2.2 节描述的验证方法对其精度验证，结果表明水体湿地产品总体精度均高于 90%。

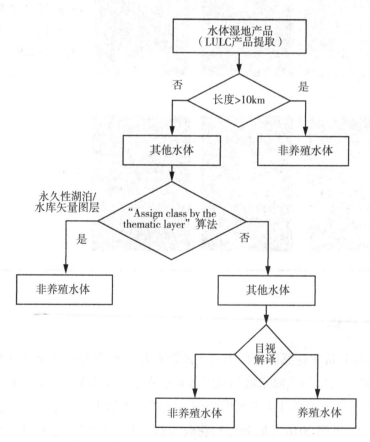

图 2-7　长江河口不同类型水体湿地提取流程

2.5 长江河口湿地生态服务功能估算方法

2.5.1 生态系统服务功能价值评估

生态系统服务价值(Ecosystem Services Value，ESV)评估是人们对生态系统服务功能赋予价值属性并进行量化与估算的方法(吴蒙等，2013)。不同的生态系统服务分类体系对其最终价值估算具有影响，在实际应用中很难建立一个具有普适性的分类方案(李双成等，2014)。本书采用"千年生态系统评估"(Millennium Ecosystem Assessment，MA)分类体系(黄博强等，2015)，该分类方案是目前使用非常广泛的方案(吴蒙，2017)。

从评价方法上看，Costanza 等(1997)在 *Nature* 上发表了题名为"The Value of the World's Ecosystem Services and Natural Capital"的文章，该文在理论上明确了生态系统服务价值评估的基本原理和方法，为后续研究奠定了基础。谢高地等(2003，2008，2015)对 Costanza 等(1997)文章中的单位面积价值当量因子表(以下简称当量表)在中国区域的普适性进行了优化，并应用于估算中国生态系统的 ESV。本书基于谢高地等(2015)提出的基础当量表修正方法(资料整合分析方法)，修正了长江河口不透水面(建设用地)、林地、草地、农业用地(耕地)、内陆水体(水系)和未利用地(裸地)的基础当量表；而盐沼、河口和裸潮滩(上述文献没有对这三类进行细分)的基础当量表修正主要借鉴了苏奋振等(2015)的研究成果，建立了适合长江河口地区的生态系统服务价值当量表(表 2-8)。

表 2-8 长江河口生态系统服务价值当量表

一级类型	二级类型	不透水面	林地	草地	农业用地	盐沼湿地	裸潮滩	内陆湿地	未利用地	河口水域
供给服务	食物生产	0	0.45	0.23	1.00	2.20	1.20	0.75	0	3.65
	原材料	0	2.82	0.30	0.25	0.55	0	0.05	0	0.46
	小计	0	3.27	0.53	1.25	2.75	1.20	0.80	0	4.11
调节服务	气体调节	0	4.41	0.98	0.58	1.50	0	0.06	0.15	0
	气候调节	0.13	9.79	1.34	0.81	7.56	2.50	3.75	0.10	3.50
	水文调节	0	5.39	1.15	0.24	5.50	0	18.77	0	0
	废物处理	0	1.72	1.32	0.21	11.00	5.50	14.85	0	10.50
	小计	0.13	21.31	4.79	1.84	25.56	8.00	37.43	0.25	14.00

续表

一级 类型	二级 类型	不透 水面	林地	草地	农业 用地	盐沼 湿地	裸潮 滩	内陆 湿地	未利 用地	河口 水域
支持 服务	保持土壤	0	8.02	2.04	1.40	7.71	15.19	0.22	0.1	19.74
	维持生物 多样性	0.4	5.47	2.27	0.73	4.13	3.87	3.5	0.4	3.87
	小计	0.4	13.49	4.31	2.13	11.84	19.06	3.72	0.5	23.61
文化 服务	提供美学 景观	0.24	1.61	0.6	0.09	2.55	0	4.2	0.01	2.57
合计		0.77	39.68	10.23	5.31	42.70	28.26	46.15	0.76	44.29

在此基础上，本研究借鉴谢高地等(2015)的研究成果，将 1 个标准单位生态系统服务功能价值当量因子的价值量定为 3406.5 元/hm²，计算出生态系统服务价值系数(表 2-9、表 2-10)。然后再利用 Costanza 等(1997)提出的生态系统服务价值评价模型，如式(2-10)所示，计算出单位面积生态系统服务功能的价值量。

$$ESV = \sum A_i \times VC_i \qquad (2\text{-}10)$$

式中，ESV 为生态系统服务功能价值(元)；A_i 为研究区第 i 类生态系统的面积(hm^2)；VC_i 为单位面积的生态系统服务功能价值(元/ hm^2)。

表 2-9　研究区各地类单位面积的生态系统服务价值系数(一)　(单位：元/($hm^2 \cdot a$))

一级类型	二级类型	不透水面	林地	草地	农业用地	盐沼
供给服务	食物生产	0.00	1532.93	783.50	3406.50	7494.30
	原材料	0.00	9606.33	1021.95	851.63	1873.58
	小计	0.00	11139.26	1805.45	4258.13	9367.88
调节服务	气体调节	0.00	15022.67	3338.37	1975.77	5109.75
	气候调节	442.85	33349.64	4564.71	2759.27	25753.14
	水文调节	0.00	18361.04	3917.48	817.56	18735.75
	废物处理	0.00	5859.18	4496.58	715.37	37471.50
	小计	442.85	72592.52	16317.14	6267.96	87070.14
支持服务	保持土壤	0.00	27320.13	6949.26	4769.10	26264.12
	维持生物多样性	1362.60	18633.56	7732.76	2486.75	14068.85
	小计	1362.60	45953.69	14682.02	7255.85	40332.96

续表

一级类型	二级类型	不透水面	林地	草地	农业用地	盐沼
文化服务	提供美学	817.56	5484.47	2043.90	306.59	8686.58
合计			135169.92	34848.50	18088.52	145457.55

表 2-10　研究区各地类单位面积的生态系统服务价值系数(二)　(单位：元/(hm²·a))

一级类型	二级类型	裸潮滩	内陆湿地	未利用地	河口水域
供给服务	食物生产	4087.80	2554.88	0.00	12433.73
	原材料	0.00	170.33	0.00	1566.99
	小计	4087.80	2725.20	0.00	14000.72
调节服务	气体调节	0.00	204.39	510.98	0.00
	气候调节	8516.25	12774.38	340.65	11922.75
	水文调节	0.00	63940.01	0.00	0.00
	废物处理	18735.75	50586.53	0.00	35768.25
	小计	27252.00	127505.30	851.63	47691.00
支持服务	保持土壤	51744.74	749.43	340.65	67244.31
	维持生物多样性	13183.16	11922.75	1362.60	13183.16
	小计	64927.89	12672.18	1703.25	80427.47
文化服务	提供美学	0.00	14307.30	34.07	8754.71
合计		96267.69	157209.98	2588.94	150873.89

2.5.2　城市化过程对生态系统服务价值影响分析

前人的研究(Li et al., 2010；Su et al., 2012)对于城市化与生态系统服务价值的关系，多数是基于对少数几个时间段的定性分析，而定量分析城市化过程(速率和规模)对生态系统服务价值的关系相对较少。为了描述城市化过程对长江河口生态系统 ESV 的影响，本书以不透水面的面积代表城市用地面积，并定义了土地城市化过程中城市规模累积扩张面积(式(2-11))、城市扩张速率(式(2-12))和生态系统服务累积净损失指数(式(2-13))三个指标。这三个指标的公式如下：

$$UES = UA_j - UA_{1985} \tag{2-11}$$

式中，UES 为城市扩张累积规模面积；UA_j 为计算结束年城市面积；UA_{1985} 计算为 1985 年城市土地面积；j 为计算的年份。

$$UER = \frac{UA_j - UA_i}{UA_i} \times \frac{1}{T_{j-i}} \times 100\% \tag{2-12}$$

式中，UER 为城市扩张速率；UA_j 为计算结束年城市面积；UA_i 计算初始年的城市面积；i 为计算的初始年份；j 为计算的结束年份。

$$ESVL = ESV_j - ESV_{1985} \tag{2-13}$$

式中，ESVL 为生态系统服务价值累积净损失，正值为增加速率，负值为损失速率；ESV_j 计算结束年份的生态系统服务总价值；ESV_{1985} 为 1985 年长江河口生态系统服务总价值。

第3章 长江河口湿地土地覆盖长期变化特征

3.1 长江河口湿地土地覆盖制图精度评估结果

表 3-1 为 LULC 精度评估结果，表 3-1 表明本书提出的面向对象的分类框架可获得高一致性、高精度的分类地图。1985 年、1992 年、1998 年、2005 年、2011 年和 2016 年的总体分类精度分别为 87.82%、87.43%、85.77%、86.30%、86.14% 和 87.85%，而 Kappa 系数(κ)分别为 0.77、0.78、0.76、0.78、0.79 和 0.82。从具体类别来看，经本书验证的所有 LULC 地图，农业用地、内陆水体、盐沼湿地及裸潮滩四个土地类型取得了一致性的高精度分类，其用户精度和生产者精度均高于 80%；对于不透水面，生产者的精度为 77%~87%，用户精度为 61%~87%，其分类精度相对低的主要原因是农村居民点和低密度的城乡地区容易与农田混淆，常常产生漏分误差；对于面积占比很小的森林、草地和未利用地，其分类精度较差，用户精度通常低于 70%，这主要是由于它们的空间分布破碎，而 Landsat 数据的空间分辨率不高(30m)，难以精准地提取面积占比很小的地物类型。

表 3-1 长江河口湿地土地覆盖制图精度验证的混淆矩阵

年份	类别	1	2	3	4	5	6	7	8	Total	UA(%)	PA(%)	OA(%)
1985	1	75	45	0	0	0	0	0	1	121	61.98	87.21	87.82
	2	6	936	6	6	2	2	1	2	961	97.40	86.91	
	3	0	26	42	2	0	0	0	0	70	60.00	84.00	
	4	1	25	2	41	0	0	0	0	69	59.42	82.00	
	5	0	14	0	0	58	0	0	0	72	80.56	96.67	
	6	0	1	0	0	0	46	3	0	50	92.00	92.00	
	7	1	1	0	0	0	2	75	0	79	94.94	93.75	
	8	3	29	0	1	0	0	1	47	81	58.02	94.00	
	Total	86	1077	50	50	60	50	80	50	1503	$\kappa = 0.77$		

续表

年份	类别	1	2	3	4	5	6	7	8	Total	UA(%)	PA(%)	OA(%)
1992	1	118	42	0	1	1	0	0	1	163	72.39	77.63	87.43
	2	28	888	3	5	5	0	1	3	932	95.18	87.57	
	3	0	24	46	2	0	0	0	0	73	63.89	92.00	
	4	2	26	1	41	0	0	0	0	70	58.57	82.00	
	5	0	13	0	0	59	0	0	0	72	81.94	90.77	
	6	0	0	0	1	0	47	2	0	50	94.00	94.00	
	7	0	1	0	0	0	3	70	0	74	94.59	95.89	
	8	4	20	0	0	0	0	0	46	70	65.71	92.00	
	Total	152	1014	50	50	65	50	73	50	1504	$\kappa=0.78$		
1998	1	162	63	0	0	0	0	1	1	227	71.37	79.41	85.77
	2	34	828	2	4	3	0	1	4	876	94.52	85.01	
	3	0	24	45	1	0	0	0	0	70	64.29	90.00	
	4	3	27	3	44	0	0	0	0	77	57.14	88.00	
	5	0	12	0	0	58	0	0	0	70	82.86	95.08	
	6	0	1	0	1	0	47	2	0	51	92.16	94.00	
	7	2	0	0	0	0	3	68	1	74	91.89	94.44	
	8	3	19	0	0	0	0	0	44	66	66.67	88.00	
	Total	204	974	50	50	61	50	72	50	1511	$\kappa=0.76$		
2005	1	241	54	1	2	1	0	1	2	302	79.80	81.97	86.30
	2	46	783	3	2	6	0	1	3	844	92.77	86.52	
	3	1	19	43	1	0	0	0	0	64	67.19	86.00	
	4	1	21	3	45	0	0	0	0	70	64.29	90.00	
	5	0	11	0	0	59	0	0	0	70	84.29	90.00	
	6	0	1	0	0	0	46	3	0	50	92.00	89.39	
	7	1	1	0	0	0	4	55	1	62	88.71	92.00	
	8	4	15	0	0	0	0	0	44	63	69.84	88.00	
	Total	294	905	50	50	66	50	60	50	1525	$\kappa=0.78$		

续表

年份	类别	1	2	3	4	5	6	7	8	Total	UA(%)	PA(%)	OA(%)
2011	1	289	61	0	2	2	0	2	2	358	80.73	83.77	86.14
	2	51	725	3	2	7	0	2	2	792	91.54	86.10	
	3	0	12	44	1	0	0	0	0	57	77.19	88.00	
	4	2	17	3	45	0	0	0	0	67	67.16	90.00	
	5	0	13	0	0	59	0	0	0	72	81.94	86.76	
	6	0	0	0	0	0	46	5	0	51	90.20	92.00	
	7	0	0	0	0	0	4	58	1	63	92.06	86.57	
	8	3	14	0	0	0	0	0	45	62	72.58	90.00	
	Total	345	842	50	50	68	50	67	50	1522	$\kappa=0.79$		
2016	1	347	44	0	1	1	0	0	2	395	87.85	85.68	87.85
	2	50	672	4	3	6	0	2	2	739	90.93	87.61	
	3	0	11	44	1	0	0	0	0	56	78.57	88.00	
	4	2	16	2	45	0	0	0	0	65	69.23	90.00	
	5	0	9	0	0	68	0	0	0	77	88.31	90.67	
	6	0	0	0	0	0	47	3	0	50	94.00	94.00	
	7	1	0	0	0	0	3	62	1	67	92.54	92.54	
	8	5	15	0	0	0	0	0	45	65	69.23	90.00	
	Total	405	767	50	50	75	50	67	50	1514	$\kappa=0.82$		

注：UA—用户精度；PA—生产者精度；OA—整体精度；κ为Kappa系数；1—不透水面；2—农业用地；3—森林；4—草地；5—内陆水体；6—盐沼湿地；7—裸潮滩；8—未利用地。

3.2 长江河口湿地土地覆盖长期演变过程与趋势

图3-1为1985—2016年长江河口地区的年时间序列湿地覆盖地图。图3-1清晰地描述了LULC和湿地景观的空间分布及其长期的巨大变化，这种变化在城乡交错区和海岸线附近区域尤为突出。具体来讲，1985—2016年，不透水面的面积持续增加，空间位置从原来的城市区域不断向外扩展，直观地体现了长江河口区域持续、快速的城市化进程；与此相反，农业用地在这一城市化进程中持续、快速地减少，这主要是城市化过程中城市建设所占用的土地以农业用地为主。森林和草地占总面积比率虽然很小，但在研究区其面积相对有很大幅度的提高。图3-1还表明，滨海湿地(盐沼湿地和

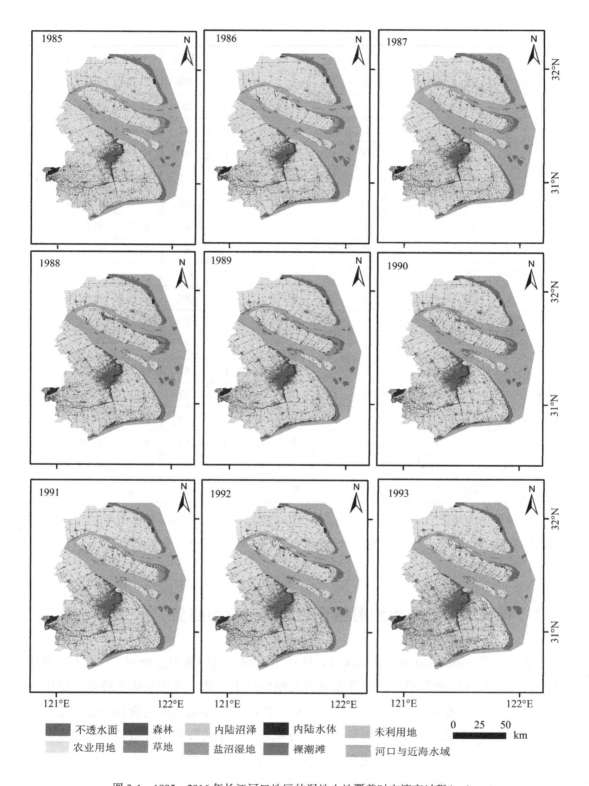

图 3-1 1985—2016 年长江河口地区的湿地土地覆盖时空演变过程(一)

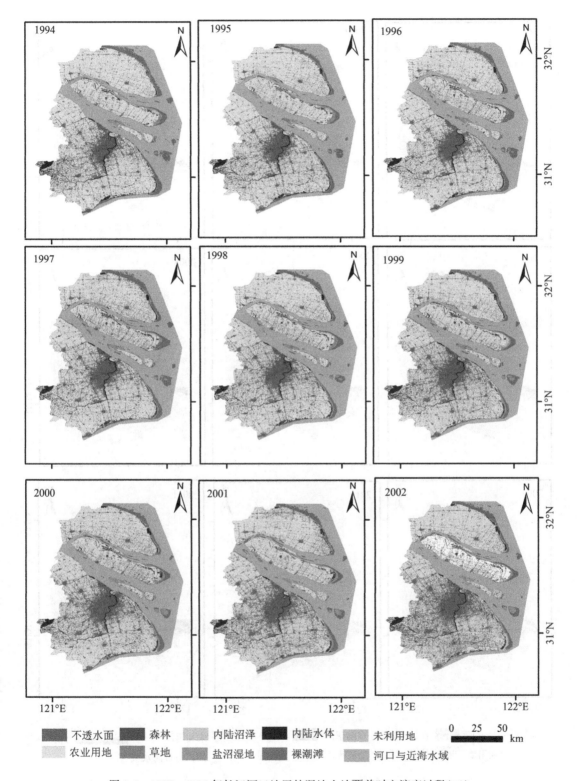

图 3-1 1985—2016 年长江河口地区的湿地土地覆盖时空演变过程(二)

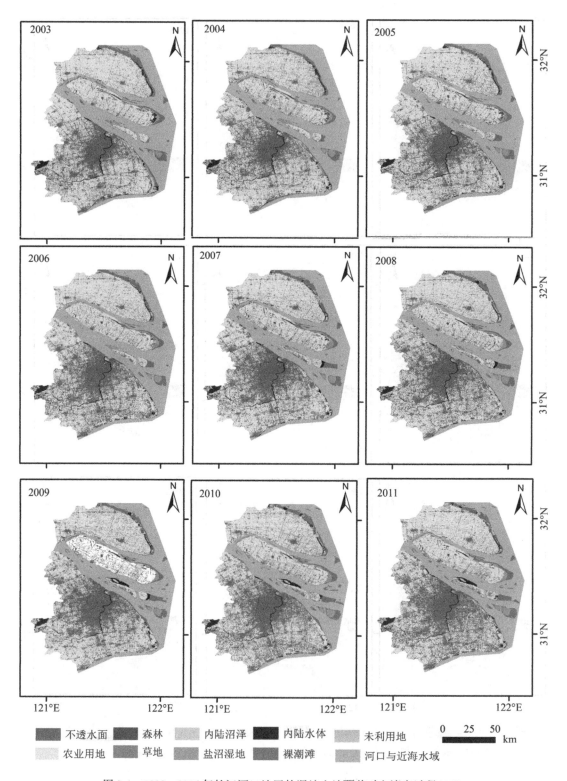

图 3-1 1985—2016 年长江河口地区的湿地土地覆盖时空演变过程(三)

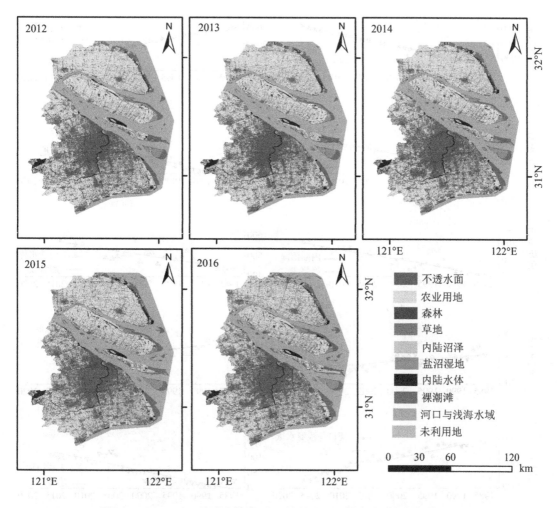

图 3-1 1985—2016 年长江河口地区的湿地土地覆盖时空演变过程(四)

裸潮滩)的空间分布位置和面积具有明显的波动性,这主要是长期大规模的围垦活动和其自我恢复共同作用的结果。

如图 3-2 所示,从面积统计来看,1985—2016 年研究区陆地总面积增加约866.40km²,平均每年增加约 27.95km²,这部分土地主要是长江河口泥沙淤积成滩涂,然后地形抬高形成陆地或直接围垦浅海形成陆地。对于具体的土地类型来讲,不透水面的面积从 1985 年的 643.24km² 持续增加到 3139.69km²,年均增加 80.53km²,而随着城市化进程持续发展,不透水面未来仍将继续增加;对于同一时期的农业用地,从1985 年的 8074.66km² 持续减少到 2016 年的 5976.24km²,年均减少 67.69km²,并且由于城市化农业用地的减少趋势也将继续维持下去。森林面积从 1985 年的 17.59km² 缓慢地增加到 2016 年的 86.08km²,年均增加 2.21km²;草地面积在 1985—1995 年没有

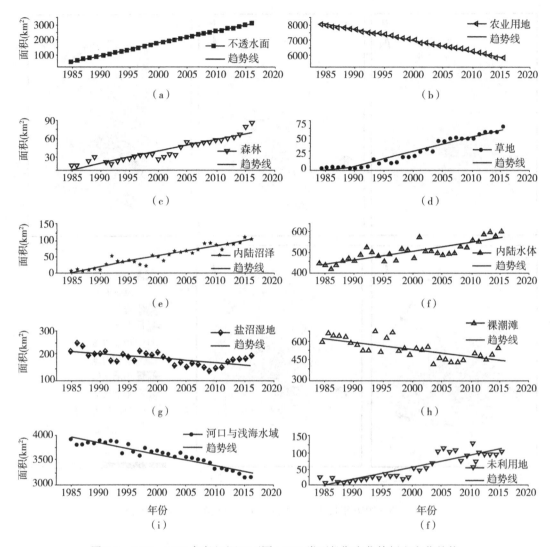

图 3-2　1985—2016 年长江河口不同 LULC 类型长期变化特征和变化趋势

明显增加，其面积不足 10km²，但 1995 年后，其面积增加较快，至 2016 年，达到 70.18km²，年均增加 3.34km²。森林和草地的面积增加主要是城市化过程中城市绿化工程建设(森林公园和城市绿地建设)以及海岸带防护林建设工程等形成的，并且未来仍然有增加的趋势。1985—2000 年，研究区未利用地的面积在 25km² 以下；而 2001—2016 年，从 25.78km² 增加到 103.94km²，这期间增加的未利用地是围垦滨海湿地后形成的过渡性暂未直接利用的土地，通常来讲，最终它们将转化成农田或养殖池塘。

1985—2008 年，内陆水体的面积相对稳定，在 450～500km² 范围内波动；2008—2016 年，内陆水体的面积略有增加，主要是青草沙水库的建设(水面约 40km²)及横沙东滩等地的滩涂围垦形成的景观水面等造成的。1985—1990 年，内陆沼泽面积相对较小，约 10km²；1991—2016 年后，其面积逐渐增加，共增加了 76.22km²，主要是通过围垦滨海湿地后建设成湿地公园或湿地保护区而形成的。盐沼湿地呈先减少、后增加的变化趋势，1985—2009 年，从 1986 年的最大观测面积 242.91km² 大幅度减少到 2009 年的 131.1km²，这期间减少了 111.81km²，占 46%，主要是大规模围垦造成的；而 2010—2016 年，盐沼湿地面积开始逐渐增加，至 2016 年达到 194.49km²，增加了 82.68km²，这是九段沙盐沼湿地的大规模扩张（入侵种互花米草扩张）及越来越重视自然湿地保护的结果。裸潮滩的面积从 20 世纪 80 年代（1985—1989 年）平均 635km² 减少到 2012—2016 年的平均 492km²，其面积大约减少 143km²，这主要是因为大规模的围垦规模超过了上游泥沙淤积生成滩涂的速度，并且未来仍然有减少的趋势。研究区范围河口与浅海水域从 1985 年的 3908.83km² 减少到 2016 年的 3142.57km²，减少面积为 766.26km²，主要是由于大规模的围垦活动造成的。

3.3　长江河口湿地土地覆盖演变方向分析

在 ArcGIS 中应用叠加分析，可以获得各用地类型的变化方向，表 3-2 为 1985—2016 年长江河口主要地类演变方向的面积统计。结合图 3-2 分析可知，1985—2016 年，总共有 766.32km² 的浅海水域变成了新生的滨海湿地，其中 343.8km² 的滨海湿地经人为围垦变成了其他用地，包括 29.68km² 的不透水面（建设用地）、114.04km² 的农业用地、153.08km² 的内陆水体及 46.64km² 的未利用地。而原来的滨海湿地中有 28.13km² 转变为不透水面，268.12km² 转变为农业用地，169.05km² 转变为内陆湿以及 57.3km² 转变为未利用地。对于内陆湿地而言，131.91km² 转变为农业用地，30.99km² 转变为不透水面。对于农业用地，138.09km² 转变为草地或林地，2397.65km² 转变为不透水面，120.94km² 转变为内陆水体。

表 3-2　1985—2016 年长江河口主要的 LULC 演变方向面积统计

时　期	转移方向	转移面积（km²）
1985—2016 年	滨海湿地→不透水面	28.13
	滨海湿地→农业用地	268.12
	滨海湿地→内陆湿地	169.05
	滨海湿地→未利用地	57.3

续表

时　　期	转 移 方 向	转移面积（km^2）
1985—2016 年	浅海水域→滨海湿地	422.52
	浅海水域→未利用地	46.64
	浅海水域→不透水面	29.68
	浅海水域→农业用地	114.04
	浅海水域→内陆湿地	153.08
	内陆湿地→农业用地	131.91
	内陆湿地→不透水面	30.99
	农业用地→林地和草地	138.09
	农业用地→内陆湿地	120.94
	农业用地→不透水面	2397.65

3.4　长江河口湿地土地覆盖变化的渐变过程分析

　　基于二时相或稀疏时间序列(5 年或 10 年)的变化检测分析，能够分析得到一段时期内土地相互转变的瞬时结果，但无法很好地监测突变过程的临界点和整个渐变过程，这不利于分析湿地土地覆盖的演变机制及其后续的应用。湿地土地覆盖的实际演变过程中，除了易于探测和描述的突变过程，实际上在宏观尺度上同时发生了大规模的渐变过程，这一点在以往的研究中常常被忽视。本节以一个案例说明这一问题。如图 3-3 所示，该图基于年际时间序列遥感数据清晰地描述了崇明东滩湿地生态系统的渐变过程和突变过程。1985—1991 年红圈区域并未受到明显的人为活动的影响，主要的影响因素是自然因素。在这一时期，该湿地经历了自然增长→湿地退化→自然恢复的过程，其间受病虫害或风暴潮的影响，盐沼湿地植被受到损害，但到了 1991 年已经完全恢复到受破坏前的一种渐变过程。自 1992 年开始，围垦引起的突变导致湿地减损和湿地转变，逐渐成为湿地退化的主要驱动力，而这些过程发生的同时，湿地自组织恢复也在进行中，这是一种渐变过程，两种变化过程共同维持了崇明东滩湿地的生态平衡。

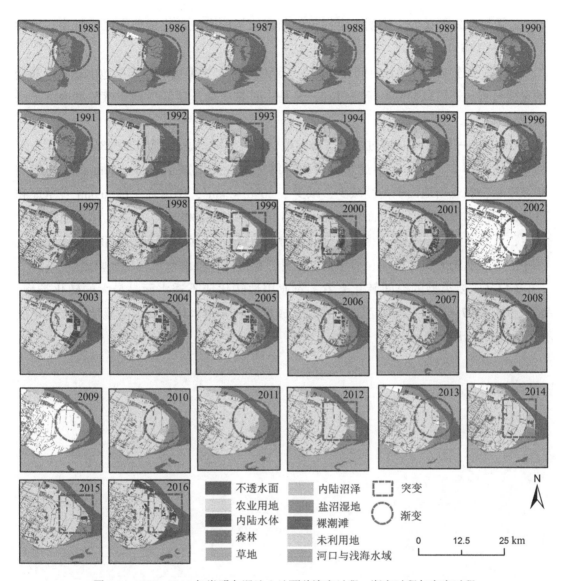

图 3-3　1985—2016 年崇明岛湿地土地覆盖演变过程：渐变过程与突变过程

3.5　本章小结

本章通过集成面向对象方法、分层分类法，更新和回溯 4 种遥感影像分类方法和多时相光谱特征，提出了一种新的面向对象方法的制图框架，生成了长江河口区域长时间序列 LULC 地图，并在此基础上分析了长江河口区域 LULC 演变的长期特征。本研究得出以下结论：

（1）对生成的 LULC 产品精度评估显示单幅地图分类总体精度均超过了 86%，

Kappa 系数均高于 0.76，表明本书提出的制图框架能有效地生成研究区长时序一致性的 Landsat LULC 产品。

（2）基于连续一致的长时间序列湿地 LULC 产品，不但可以监测湿地生态系统演变的突变过程，还可以监测其渐变过程，这是二时相或稀疏时间序列遥感数据通常无法实现。

（3）1985—2016 年，通过围垦滨海湿地，研究区陆地总面积增加约 866.40km²，平均每年增加约 27.95km²；不透水面面积持续增加，共增加了 2496.45km²，年均增加 80.53km²；农业用地面积持续减少，减少了 2098.42km²，年均减少 67.69km²；草地和森林面积占比很小，但其总面积增加了约 3 倍；1985—2008 年，内陆水体的面积相对稳定，其后其面积略有增加，主要是人工水库的建设；滨海湿地总面积大幅度减少，其中盐沼湿地先大幅度增加、后小幅度上升，裸潮滩和浅海水域都较大幅度减少。

（4）从主要类型的空间转化来看，农业用地转化成不透水面是最大的转化类型，面积高达 2397.65km²；滨海湿地主要转化成农田和养殖水体，而内陆湿地主要转化成农田和建筑用地。

第4章 长江河口滨海湿地植被群落长期变化特征

4.1 长江河口滨海湿地植被物候特征分析

本书结合多年实地考察和EVI时间序列曲线的方法,描述长江河口盐沼植被群落的物候变化。对于每一个类型盐沼湿地,基于目视判读的方法,分别选取30个训练样点进行平均计算,生成EVI时序曲线(图4-1)。

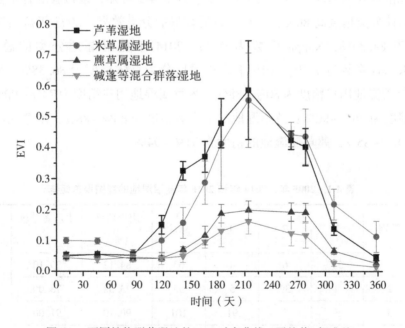

图4-1　不同植物群落湿地的EVI时序曲线(平均值±标准差)

从图4-1可知,在植物休眠期(1—3月),植物的EVI均值并未有明显的差异,因此,该物候期不适合植被的识别。在返青阶段(4—5月),碱蓬等混合群落、藨草属群落和米草群落相互混淆,但在5月,芦苇群落和米草群落的EVI均值具有明显的差异,因此返青阶段是识别这两个群落的关键物候期之一。在植物生长期高峰阶段(6—10

月），芦苇群落和米草群落具有相似水平的 EVI 均值曲线，这表明这一阶段不适合识别这两类共生的湿地；然而，蒹草属群落和碱蓬等混合群落的 EVI 均值远远低于芦苇群落和米草群落，因此，对于芦苇群落和米草群落混生的蒹草群落或碱蓬群落可以区分出来。值得注意的是，在生长期高峰，尤其是 7—10 月适合从裸潮滩中提取蒹草群落和碱蓬等混合群落，因为碱蓬属和蒹草属群落植被作为先锋植被，常常覆盖度不高，极易受潮汐作用影响，其光谱特征值和 EVI 值均比实际偏低很多，很容易和裸潮滩混淆。在衰亡期阶段，11 月至 12 月是区分米草属群落和芦苇群落的一个关键物候期，尤其是 11 月的影像上四种不同植被群落的 EVI 均值具有较大的差异，适合同时区分所有植物群落；到了 12 月，芦苇群落、蒹草属群落和碱蓬等混合群落就相互混淆，无法相互区分。

4.2　长江河口滨海湿地植被制图精度评估结果

基于混淆矩阵的精度评估如表 4-1 所示。从表 4-1 可知，被检验的各单独年份的盐沼植被比总体分类精度高 80%，具有一致的较好的分类效果。2005 年盐沼湿地分类的总体精度为 84.33%，Kappa 系数为 0.76；2014 年盐沼湿地分类的总体精度为 86.72%，Kappa 系数为 0.79；2016 年盐沼湿地分类总体精度为 86.38%，Kappa 系数为 0.78。芦苇湿地用户精度为 80%~88%，米草属湿地用户精度为 73%~90%，蒹草属湿地用户精度为 76%~90%；芦苇湿地的生产者精度为 80%~88%，米草属湿地的生产者精度为 78%~85%，蒹草属湿地的精度为 91%~94%。

表 4-1　2005 年、2014 年和 2016 年盐沼湿地的制图误差矩阵

年份	类别	1	2	3	总计	用户精度（%）	生产者精度（%）	总体精度（%）
2005	1	53	6	4	63	84.12	79.10	
	2	9	39	5	53	73.58	78.00	84.33
	3	5	5	91	101	90.10	91.00	
	总计	67	50	100	217	$\kappa = 0.76$		
2014	1	104	13	1	118	88.13	85.95	
	2	12	131	3	146	89.73	85.62	86.72
	3	5	9	46	60	76.67	92.00	
	总计	121	153	50	324	$\kappa = 0.79$		

年份	类别	1	2	3	总计	用户精度 （%）	生产者精度 （%）	总体精度 （%）
2016	1	72	16	1	89	80.90	85.71	86.38
	2	9	103	2	114	90.35	83.74	
	3	3	4	47	54	87.04	94.00	
	总计	84	123	50	257	$\kappa=0.78$		

注：类别 1 为芦苇湿地；类别 2 为米草属湿地；类别 3 为藨草属湿地。

4.3　长江河口滨海湿地长期演变过程与特征

图 4-2 显示了 1985—2016 年长江河口盐沼湿地的时空分布格局。从图 4-2 可知，在人类活动强烈干扰和自然环境变化的影响下，1985—2016 年整个长江河口区域盐沼湿地发生了巨大的时空变化，其总面积先大幅度减少、后小幅增加，并且土著种的优势度不断降低，而入侵种的优势度不断升高。具体来看，芦苇湿地是长江河口分布广泛的盐沼湿地，在崇明岛、南汇、奉贤、九段沙沿岸滩涂均有分布。从面积大小来看（图 4-3（b）），芦苇湿地经历了两个显著的变化阶段：第一阶段，1985—2005 年，芦苇湿地面积大幅度下降，从 1985 年的 138.94km² 下降到 2005 年的历史最低点 45.97km²；第二阶段，2005—2016 年，芦苇湿地面积小幅度上升，并保持相对稳定的状态，约 70km²。从占比来看，芦苇湿地占总盐沼湿地面积比例呈下降趋势（图 4-3（f）），从最高年份的占比 67.47% 下降到目前的 30% 左右。其占比下降主要是大规模的湿地围垦和互花米草入侵造成的，如 2003 年开始的南汇地区大规模湿地围垦，使南汇地区的芦苇湿地几乎消失了，目前也没有恢复。被围垦的芦苇湿地多数直接转换成养殖池塘或农业用地。

米草属作为引入种，虽然在 1983 年就引入种植在长江河口启东岸滩，但前期扩张很慢，在 1985—1992 年的遥感影像上，并不能清晰地识别出米草属群落斑块；直至 1993 年，在影像上可以直接探测出米草属湿地斑块，而后疯狂扩张，并在南汇、崇明和九段沙先后引入，导致其面积在整个长江河口呈直线上升趋势（图 4-3（e））；至 2016 年，米草属湿地的面积达到 97.88km²。但是受互花米草治理工程的影响，长江河口各个地区不同年份米草属的分布变化剧烈，如崇明东滩的米草属从 1998 年在遥感图像上开始监测出现，到 2013 年面积达到峰值，此后互花米草围垦工程开始，在 2016 年已经没有米草属湿地。从占比来看，整个长江河口的米草属湿地从无到 2016 年占总

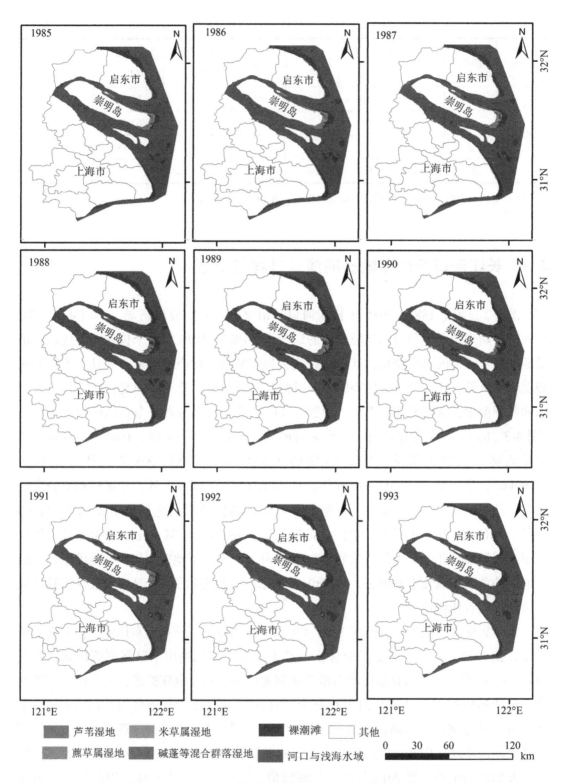

图 4-2　1985—2016 年长江河口滨海湿地的时空演变过程（一）

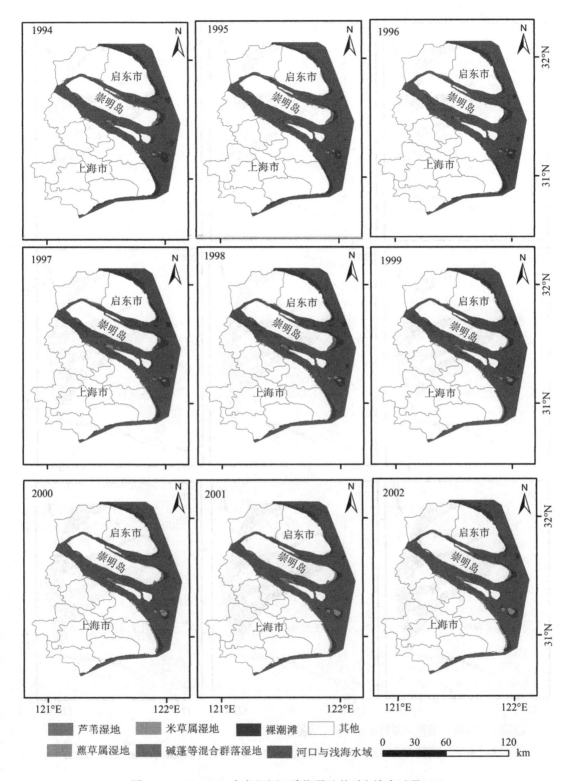

芦苇湿地　米草属湿地　裸潮滩　其他
蔗草属湿地　碱蓬等混合群落湿地　河口与浅海水域
0 30 60 120 km

图 4-2　1985—2016 年长江河口滨海湿地的时空演变过程(二)

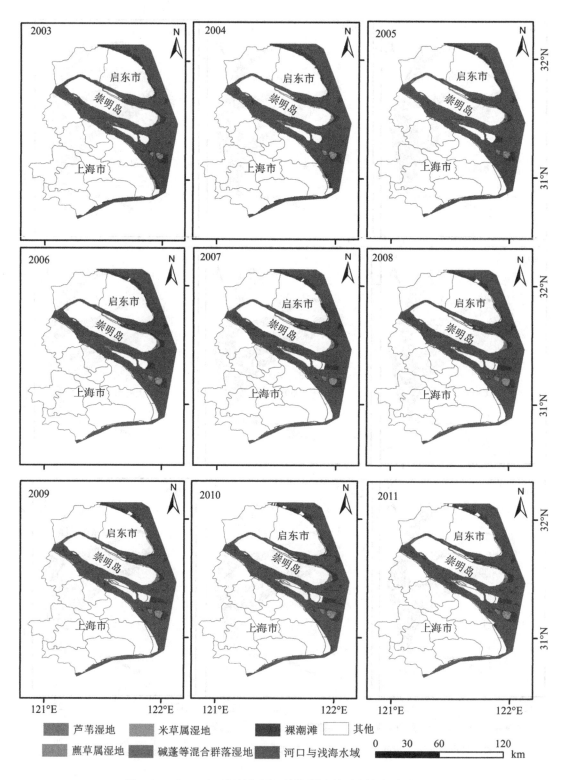

图 4-2　1985—2016 年长江河口滨海湿地的时空演变过程(三)

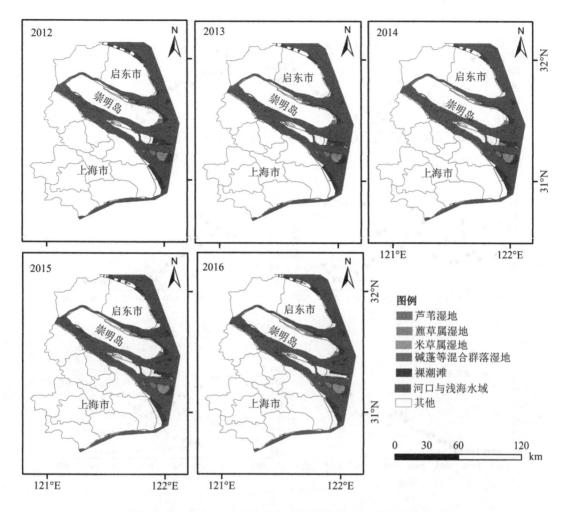

图 4-2　1985—2016 年长江河口滨海湿地的时空演变过程(四)

盐沼湿地面积的 50% 以上，成为绝对的优势物种。

蔍草属湿地主要分布在崇明东滩与北滩、九段沙滩涂和南汇边滩。从面积大小来看，1985—2006 年，不同年份之间虽有一定幅度的升降，但蔍草属湿地的面积维持在 60km² 基准线上下(图 4-3 (c))；而在 2007—2016 年，蔍草属湿地的面积波动的 30km² 基准线上下，相比之前具有明显的下降。蔍草属湿地面积的占比也由 1985—2006 年阶段的平均 31.4% 下降到 2007—2016 年的平均 18.8%。

碱蓬等混合群落湿地主要分布在启东岸滩。碱蓬等混合群落湿地面积从 1985 年的 23.49km² 下降到 2016 年的 0.16km²(图 4-3 (d))，在研究区范围存在的面积很少，其面积占比从 20 世纪 80 年代的 11% 下降到 2016 年几乎为零，碱蓬等混合群落消亡主要是围垦与互花米草入侵的共同作用导致的。

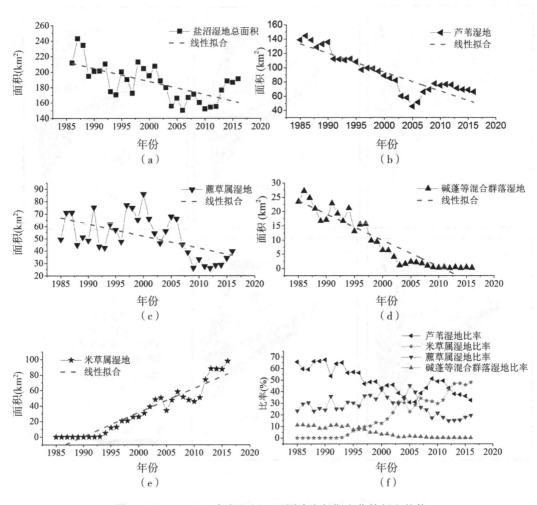

图 4-3 1985—2016 年长江河口不同滨海长期变化特征和趋势

4.4 围垦与自然淤涨的共同作用对滨海湿地演变格局的影响

由于很难确定每年最低潮时期的影像，裸潮滩制图精度存在很大的不确定性，因此用遥感影像计算滨海湿地的年际变化具有很大的不确定性。本节为降低年际变化的不确定性，采用基于时间段的方法，计算各个时期滨海湿地围垦与自然淤涨共同作用对滨海湿地演变格局的影响，其结果如表 4-2 所示。从表 4-2 可知，1985—1990 年，长江河口滨海湿地自然/人工淤涨增加的面积远远高于人类围垦的规模，年均淤涨滩涂面积高达 26.73km²，而年均围垦面积仅为 9.78km²。从 1990 年开始，滩涂自然/人工淤涨增加的面积远远低于人类围垦的规模，其中，2000—2005 年是围垦面积最大的时期，达到 216.49km²。此外，2010—2016 年，长江河口年均滩涂淤涨的面积仅约为 16km²，远远小于该时期滩涂围垦速度(年均约 25.46km²)。按照生态平衡的要求，滨海湿地围垦的强度不能够超过滩涂自然淤涨的速度，因此二者之间的矛盾是制定生态保护与修复策略需要重点解决的问题。

表 4-2　不同时期长江河口滨海湿地围垦与湿地淤涨对滨海湿地格局的影响

年 份	围垦面积 (km²)	淤涨增加面积 (km²)	滨海湿地净增加/ 减少面积(km²)
1985—1990	48.92	133.65	+84.73
1990—1995	150.89	128.22	−22.67
1995—2000	130.04	119.25	−10.79
2000—2005	216.49	98.85	−117.64
2005—2010	167.29	79.48	−87.81
2010—2016	152.77	95.99	−56.78
总计	866.40	655.44	−210.96

注：正值表示增加；负值表示减少；以下表中类同。

从空间上看，不同岸滩滨海湿地围垦规模和强度有一定的时空差异。长江河口滩涂淤涨主要集中在九段沙和崇明东滩湿地，其自然淤涨的速率与围垦规模强度总体达到动态平衡。而启东市岸滩湿地、崇明北滩湿地和南汇边滩湿地已经过度围垦，其自然淤涨的速度远远跟不上围垦规模，生态平衡已遭到破坏。

4.5　围垦与米草属植物引入对滨海湿地植被群落结构的影响

传统的基于二时相或稀疏时间序列的遥感数据无法准确地计算出围垦(每年都会新生长和被围垦)和米草属植物引入的共同作用对滨海湿地植被群落结构影响的定量关系，但基于年际时间序列的遥感数据能够较准确地确定每年的围垦湿地面积和湿地类别，其结果如表 4-3 所示。从表 4-3 可知，1985—2016 年，盐沼湿地面积净减少17.22km²，其中土著种植物群落湿地减少 115.10km²，入侵种米草属湿地净增加98.88km²。研究区内围垦导致盐沼湿地净损失 385.18km²，其中圈围的土著种群落湿地为 287.52km²，占比 74.64%；圈围的米草属群落湿地面积 97.66km²，占比 25.36%。从时间段来看，2000—2005 年是围垦规模和强度最大的时期，该时期围垦导致的盐沼湿地净损失达到 100.16km²，超过该时期总盐沼面积的 55%；而 2010—2016 年是入侵种米草属湿地面积净增加最多的时段，达到 52.30km²，也是盐沼湿地净增加面积最多的时段，这主要是由九段沙湿地的互花米草疯狂扩张所致。此外，表 4-3 说明围垦是土著种损失的核心原因，任何时期的围垦导致的土著种湿地损失面积占盐沼湿地减少面积的比例都超过 44%。

表 4-3　不同时期围垦与植物入侵对长江河口湿地植被群落结构的影响

年　份	盐沼湿地净增加/损失面积（km²）	土著种群落湿地净增加/损失面积（km²）	米草属植物群落湿地净增加面积（km²）	围垦导致的盐沼湿地净损失面积（km²）	围垦导致的土著种群落湿地损失面积（km²）	围垦导致的土著种群落湿地损失面积比(%)	围垦导致的入侵种湿地损失面积（km²）	围垦导致的入侵种湿地损失面积占比（%）
1985—1990	-10.45	-10.45	0	20.83	20.83	100	0	0
1990—1995	-11.08	-22.95	11.87	95.08	92.58	97.37	2.50	2.63
1995—2000	17.05	3.03	14.02	83.50	76.84	92.02	6.67	7.98
2000—2005	-57.76	-65.80	8.04	100.16	44.16	44.09	56.00	55.91
2005—2010	-5.25	-16.90	11.65	40.66	32.81	80.69	7.84	19.31
2010—2016	50.27	-2.03	52.30	44.95	20.30	45.16	24.65	54.84
总计	-17.22	-115.10	97.88	385.18	287.52	74.64	97.66	25.36

4.6　未来需要重点解决的问题

4.6.1　样本库构建问题

滨海湿地相比于其他地表覆盖类型，其生长环境特殊，人员难以进入，实地验证困难；对于河口海岸带地区，合适的高分辨率数据获取相对困难，因此对于长时间序列的滨海湿地验证是非常困难的。有效的解决方法是利用无人机航拍影像或航空影像对滨海湿地进行验证，但大尺度长时间序列的连续监测的验证成本很高。因此，急需不同的科研人员共享实地验证数据，建立共享的湿地验证数据库，以减少验证成本。

4.6.2　关键物候期确定的问题

结合实地调查和时序遥感监测数据，遥感监测长江河口不同的滨海湿地植被的关键物候有所差异。对于所有滨海湿地植被群落，处于植物休眠期时均无法从影像上有效区分任何一种盐沼。对于属于先锋植被群落的碱蓬属湿地和藨草属湿地，利用遥感监测其时空分布最佳的物候期是生长季高峰的 6—9 月。这是因为这两个类别的植物群落通常生长密度稀疏并矮小，生长位于中低潮带，其在生长阶段初期(返青期)和生长阶段末期(衰亡期)极易受潮汐和土壤背景的影响，导致其光谱特征显著小于其他植被群落，进而与裸潮滩相互混淆。而在植被生长旺盛期，由于其植株密度增加，生物量增加，植株增高，EVI 也随之增加，有效地缓解了土壤和潮汐对其影响，进而把它们与裸潮滩区分出来；并且这一阶段它们的 EVI 值远低于米草属和芦苇属湿地，因此也能与这两种盐沼湿地区分出来；而根据不同的分区方案，碱蓬属湿地和薹草属湿地相互之间不存在混淆，因此 6—9 月份是区分这两种群落的关键物候期。米草属和芦苇属湿地物候差异最显著的窗口为植被衰亡期阶段的 11 月，其次是植被返青期阶段的 5 月。这一结论与我们利用 GF-1 WFV 数据的监测结果是一致的(Ai et al., 2017)。在衰亡期的 11 月，米草属湿地比芦苇湿地的物候晚了 1 个月左右，这一物候期米草属湿地植被刚刚枯萎，叶子呈现黄绿色，而芦苇等本地物种湿地植物基本全部枯萎了，因此，在遥感影像上，米草属湿地的 EVI 值高于其他物种，这一独特的物候期是区分米草属湿地最好的时期。在返青期的 5 月，米草属湿地植被返青较本土物种晚约 1 个月，在遥感影像上，其 EVI 值低于芦苇湿地，高于薹草属和碱蓬等混合群落湿地，因此这也是一个比较好的物候监测窗口，可区分芦苇湿地和米草湿地，但此阶段易受土壤背景和潮汐影响。综上分析，对于长江河口碱蓬等混合群落和薹草属湿地遥感监测，生长季高峰的 6—9 月是关键物候期；而对于米草属湿地和芦苇湿地，植被衰亡期的 11 月是遥感监测的最佳物候期，其次是返青期的 5 月。

4.6.3 植被物候变化对长期遥感监测结果影响的问题

国内外应用物候规律监测湿地生态系统动态演变越来越广泛，这为基于物候规律的区域尺度盐沼湿地长期监测提供了巨大的潜力。例如，Sun 等 (2016)利用环境卫星影像合成的 NDVI 时间序列数据对江苏省盐沼湿地进行分类研究，发现 NDVI 时间序列数据不但可以监测盐沼植被的物候，同时可以基于物候特征显著提高分类精度。Davranche 等(2010)利用 SPOT 5 季节性时间序列影像对卡马格(Camargue)三角洲湿地进行分类，其对不同的湿地类型的分类精度高达 85%。

然而，数据缺失是多云海岸带滨海湿地长期演变监测的一个重大问题，尤其是历史数据的缺失。以本研究为例，对于多光谱遥感数据，若要得到高精度的长江河口区域滨海湿地地图，必须获得不同盐沼湿地关键物候期的多时相影像才有可能实现。要解决这一问题，多源遥感数据融合和集成是重要手段。同时，基于物候规律的滨海湿地监测也可以充分利用物候特征，应用最少的影像获取高精度的盐沼地图(Ai et al., 2017)，这也为利用物候规律的方法提供了巨大机遇。

从不确定性来看，前人的研究表明，基于物候规律的方法易受植被物候格局的时空变化影响（Mo et al.，2015）。对于区域尺度的滨海湿地植被遥感监测，在没有充分的先验知识的情况下，很难确定各个历史时期盐沼湿地的最佳物候期。因此，基于物候规律的滨海湿地植被演变长期监测也不可避免地遭受物候转变的影响。强烈的人类活动如大规模围垦，会剧烈影响植被物候信号的识别，为盐沼湿地长期演变监测带来偏差。搜集尽量多的野外历史调查数据和专家先验知识是解决这一不确定性的可靠的解决办法。

4.7　本章小结

本章基于多源时间序列遥感数据和物候规律构建了 1985—2016 年长江河口长滨海湿地年际变化产品，并在此基础上分析了长江河口滨海湿地长期演变特征，定量评估了围垦、外来种入侵和滩涂淤涨三因素共同作用对长江河口滨海湿地演变格局的影响。结果表明：

（1）从群落尺度水平来看，基于物候规律与多源多时相遥感数据的研究区滨海湿地总体制图精度均高于 84%。

（2）1985—2016 年长江河口盐沼湿地总面积先大幅度减少后小幅增加，呈退化趋势，其中土著种的优势度不断降低，而外来种米草属的优势度不断增加。

（3）从群落结构来看，芦苇湿地从 1985—1990 年的年均面积占比高达 60% 降低到 2016 年的约 30%；外来种米草属湿地从无到 2016 年面积占比超过 50%；藨草属群落从 1985—1995 年的年均面积占比高于 30% 下降到 2016 年低于 20%；碱蓬等混合群落湿地从 1985—1995 年的年均面积占比约 10% 到 2016 年几乎灭绝了。

（4）1985—1990 年，长江河口滨海湿地自然/人工淤涨增加的面积远远高于人类围垦的规模，年均淤涨滩涂面积高达 26.73km²，而围垦面积仅为 9.78km²；2010—2016 年，长江河口年均滩涂淤涨的面积仅仅约为 16km²，远远小于该时期滩涂围垦速度（年均约 25.46km²）。目前滨海湿地围垦的规模远远超过滩涂自然淤涨的速度，破坏了湿地生态系统的动态平衡。

（5）外来种米草属植物群落优势度逐渐增加、土著种损失，主要是围垦导致的。

第5章　长江河口水体湿地长期变化特征

5.1　长江河口不同类型水体湿地的长期动态

长江河口内陆水体湿地面积整体呈上升趋势(图 5-1)，从 1985 年的 449.52km² 波动性地上升到 2016 年的 609.9km²(最大值)。剔除异常点，对于内陆养殖水体的面积变化(图 5-1 (a))，经历了三个比较明显的阶段：第一个阶段为 1985—2002 年，养殖水体面积逐年增加，其面积从 1985 年的 114.8km² 上升到 2002 年的历史最高点 332.69km²，该阶段养殖水体面积增加主要受到政策的鼓励。例如，上海市 1985 年确定了以养为主的渔业发展方针，并于 1997 年再次提出大力发展养殖的渔业方针(黄曼，2011)。第二个阶段是 2003—2009 年的下降阶段，其面积由最高点的 332.69km² 逐年下降到 2009 年的 220.99km²，在该阶段，内陆水体污染治理以及禁止农田养殖导致养殖水体面积下降。第三阶段是 2010—2016 年的小幅回升阶段，该阶段主要通过围垦滨海湿地增加养殖水体，从 220.99km² 波动性地上升到 243.85km²。对于内陆非养殖水体的面积变化(图 5-1 (b))，主要经历两个阶段：第一个阶段是 1985—2006 年基本持平

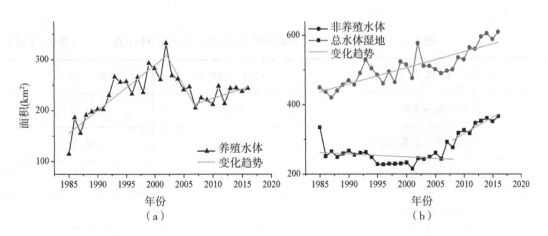

图 5-1　1985—2016 年长江河口内陆水体年际变化特征及其趋势

阶段，该阶段的非养殖水体面积在 250km² 左右波动；第二阶段是 2007—2016 年的一个较明显的上升阶段，面积从 2007 年的 292.13km² 上升到 2016 年的 366.02km²，该阶段主要是上海市通过围垦浅海水域和滩涂，建设了青草沙水库（水面面积约为 40km²）及相关人工湖泊（如滴水湖）。

5.2　水体湿地与其他土地相互转化的时空变化分析

本节以 1985 年、2002 年及 2016 年三个具有代表性的年份的影像分析长江河口 1985—2016 年内陆水体湿地与其他土地之间的相互转化关系，具体如表 5-1 和图 5-2 所示。根据表 5-1，1985—2002 年期间共有 251.60km² 的其他土地类型转化为水体湿地，其中非养殖水体面积 39km²，养殖水体面积 212.60km²。在新增的非养殖水体中，由滨海湿地转化而来的面积为 16.10km²（占比 41.28%），由农业用地转变而来的面积为 21.74km²（占比 55.74%），内陆沼泽等其他用地转成的为 1.16km²（占比 2.98%）。在新增的养殖水体中，由滨海湿地转化而来的面积为 90.77km²（占比 42.69%），由农业用地转变而来的面积为 120.26km²（占比 56.57%），由其他用地转变来的面积比例仅有 0.74%。1985—2002 年，共有 123.79km² 的内陆水体转化为其他用地（主要为农田或不透水面），其中养殖水体面积为 24.72km²（占比 19.97%），非养殖水体面积为 99.08km²（占比 80.03%）。养殖水体之中，有 7.81km² 转化为不透水面，15.71km² 转化为农业用地，1.2km² 转化为其他地类；非养殖水体中，有 37.56km² 转化为不透水面，60.61km² 转化为农业用地，0.91km² 转化为其他类型用地。

表 5-1　1985—2016 年各个时期内陆水体与其他用地相互转化量　　　　（单位：km²）

转 换 类 型	1985—2002 年	2002—2016 年
滨海湿地→非养殖水体	16.10	103.49
农业用地→非养殖水体	21.74	56.27
内陆沼泽/未利用地→非养殖水体	1.16	9.09
滨海湿地→养殖水体	90.77	28.55
农业用地→养殖水体	120.26	101.68

转换类型	1985—2002 年	2002—2016 年
内陆沼泽/未利用地→养殖水体	1.57	8.49
养殖水体→不透水面	7.81	9.67
养殖水体→农业用地	15.71	214.86
养殖水体→草地/林地/未利用地	1.20	6.56
非养殖水体→不透水面	37.56	23.30
非养殖水体→农业用地	60.61	19.30
非养殖水体→草地/林地/未利用地	0.91	1.25

2002—2016 年期间，有 307.61km^2 的其他土地类型转化为内陆水体湿地，其中 168.85km^2（占比 54.89%）的非养殖水体，138.76km^2（占比 45.11%）的养殖水体。在新增加的非养殖水体中，由滨海湿地转化而来的面积为 103.49km^2（占比 61.29%），由农业用地转化成的面积为 56.27km^2（占比 33.32%），由内陆沼泽转化成的面积为 3.04km^2（占比 1.80%），由其他类型土地转化来的面积为 6.05km^2（占比 3.59%）。在新增的养殖水体中，由滨海湿地转变成的面积为 28.55km^2（占比 20.58%），由农业用地转化成的面积为 101.68km^2（占比 73.28%），由内陆沼泽转变而来的面积为 3.76km^2（占比 2.71%），由其他土地类型转化成的面积为 4.733km^2（占比 3.43%）。2002—2016 年期间，内陆水体转化成其他类型土地面积为 274.94km^2，其中转变成农田的面积为 234.16km^2（占比 85.17%），转变为不透水面用地的面积为 32.97km^2（占比 11.99%），转变为其他类型用地的面积为 7.81km^2（占比 2.84%）。

从空间来看，不管是 1985—2002 年还是 2002—2016 年期间，养殖水体主要分布在崇明区、奉贤区、青浦区、南汇区及启东市，养殖水体主要转为农田，反过来农田也会转化为养殖水体，并且对于同一区域经常发生逆反现象（图 5-2）。非养殖水体主要由研究区域的河流、湖泊与水库等河网和沿海围垦而成的过渡性水体组成，这些水体相对比较稳定。新增加的非养殖水体主要分布在崇明区、南汇区建立的大型湖泊和水库，并且大多数是通过围垦滨海湿地转化来的。

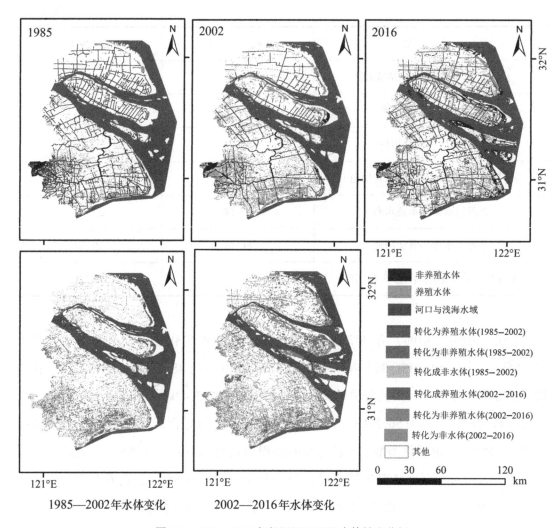

图 5-2 1985—2016 年长江河口湿地水体转变分析

5.3 讨论

5.3.1 水体湿地遥感提取的不确定性分析

长时间序列水体湿地遥感提取存在以下三个方面的不确定性：①空间尺度问题导致的不确定性；②时相分辨率不一致导致的误差；③精度验证问题。

首先，30m 空间分辨率的 Landsat 数据对于单个的养殖池塘、沟渠或小水塘等小面积的水体提取是一个内在的限制因素。例如，对于一个单个的养殖池塘，如果池塘太小，可能在影像上分辨不出来；如果稍微大了点，如 50m×50m，可能又会占据 5 个像素，这样造成养殖水体提取偏大或偏小的问题，导致结果存在不确定性和误差。

其次，遥感数据时相的不一致性导致水体面积提取的不一致性，尤其是对于上半年养殖、下半年耕作，或上半年耕作、下半年养殖的养殖水体，这为遥感提取带来很大的不确定性。

最后，对于水体湿地提取精度的验证问题，尤其是历史数据的验证问题，一般需要查找历史资料，而历史资料本身就具有一定的不确定性；本研究应用目视解译的方法得到的最终结果，其精度也存在一定的主观性和不确定性。

5.3.2 长江河口水体湿地演变的环境效应

从人类健康的视角看，水体是食物供应、经济贸易及食物安全最重要的资源之一（Beveridge et al., 2013），人类合理地开发利用水体湿地，可为人类带来巨大经济、社会价值。然而，大规模养殖和湿地围垦转化成水体湿地，不可避免地对海岸带湿地环境造成了负面影响（Ren et al., 2017）。由于养殖水体和人工新建的景观水体增加，长江河口景观破碎化越来越明显（李俊祥等，2004）；为了发展水产养殖业而围垦湿地，不但破坏了湿地栖息地，也增加了湿地的破碎化。根据《中国海洋环境质量公报（2000—2016）》及张晓龙等（2010）的研究结论，随着水产养殖业的扩张，未经处理的废水直接排入邻近的沿海水域，这些水体中氮磷比失衡严重，导致水体富营养化，水体溶解氧含量呈下降趋势，威胁长江河口湿地生态系统健康。Chen 等（2014）研究表明，大规模的养殖活动对地面沉降具有不可忽视的作用，这可能是沿海低洼地潜在的巨大威胁。

5.4 本章小结

本章利用面向对象的决策树和人工判读相结合的方法把内陆水体分成养殖水体和非养殖水体，并在此基础上分析长江河口内陆水体的长期演变特征，得出的主要结论如下：

（1）1985—2016 年研究区内陆水体呈波动性上升趋势，其中，养殖水体的面积呈先增加后减少再增加的变化特征，其主要分布在上海市的崇明区、奉贤区、青浦区、南汇区及启东市的靠海区域或沿江区域；非养殖水体面积在前 20 年基本稳定，后 10 年略有增长，主要由区域内的河网和过渡性水体组成。

（2）从空间转化来看，内陆水体与农业用地转换频繁并经常存在逆反现象，其中养殖水体主要转化成农田和不透水面，而滨海湿地和农田是补充养殖水体的主要地表覆盖类型。

第6章 长江河口湿地生态系统服务功能的长期变化特征

6.1 生态系统服务价值时间变化特征

研究区生态系统总价值长期变化的计算结果如图 6-1 所示。从价值总量上看，

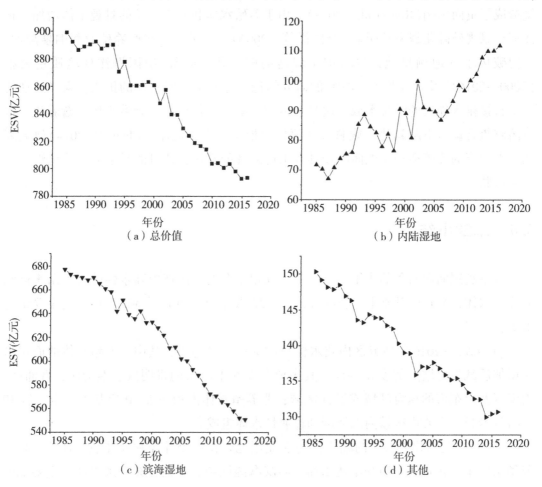

图 6-1　1985—2016 年研究区湿地生态系统服务功能长期变化特征

1985—2016 年研究区生态系统服务功能总价值呈逐年递减趋势(图 6-1(a)),从 1985
年最高的 899.28 亿元下降到 2016 年的 793.63 亿元,下降幅度为 11.75%。这主要是
滨海湿地和农田面积大幅度减少导致其 ESV 大幅减少,而林地、草地和内陆湿地的
ESV 的增长无法抵消它们的减少所带来的生态系统服务价值减少。研究区内陆湿地的
ESV 呈现波动性上升的变化,从 1985 年的 71.91 亿元上升到 2016 年的 111.98 亿元
(图 6-1(b)),增幅达到 55.72%,这主要是由于内陆水体湿地和内陆沼泽湿地面积增
加较大,并且其具有很高的 ESV 价值当量。1985—2016 年研究区滨海湿地的 ESV 呈
逐年递减趋势,总共减少了 126.10 亿元,占比 18.62%(图 6-1(c))。这主要是由于研
究区滨海湿地面积存在较大幅度的减少。其他生态系统的 ESV(包括农业用地、不透
水面、林地、草地和未利用地)也呈现逐年下降趋势(图 6-1(d)),从 2015 年最高的
150.32 亿元下降到 2016 年的 130.69 亿元,下降幅度为 13.06%,原因是农业用地(耕
地)的面积大幅度下降导致其 ESV 大幅下降。

从各类生态系统服务价值变化来看(表 6-1),不透水面(建筑用地)、林地、草地
和内陆湿地生态系统的 ESV 呈逐年递增趋势。以森林(林地)生态系统为例,1985—
1995 年增加了 1.51 亿元,增长率为 63.67%;1995—2005 年增加了 3.34 亿元,增长
率为 85.83%;2005—2016 年增加了 4.40 亿元,增长率为 60.90%。农业用地(耕地)、
河口水域的 ESV 呈逐年递减趋势。而盐沼和裸潮滩湿地的 ESV 是先递减后增加,这也
体现了长江河口湿地保护工作的成效。

表 6-1 1985—2016 年长江河口不同 LULC 类型生态系统服务价值变化

类 型	1985—1995 年		1995—2005 年		2005—2016 年	
	变化值 (亿元)	变化率 (%)	变化值 (亿元)	变化率 (%)	变化值 (亿元)	变化率 (%)
不透水面	1.74	103.11	2.37	69.10	2.44	42.11
林地	1.51	63.67	3.34	85.83	4.40	60.90
草地	0.22	170.53	1.29	378.38	0.81	49.64
农业用地	−9.88	−6.76	−13.47	−9.89	−14.61	−11.90
盐沼	−3.13	−10.19	−5.92	−21.40	6.55	30.11
裸潮滩	−7.43	−13.14	−5.03	−10.25	4.49	10.18
内陆湿地	10.74	14.93	7.15	8.65	22.19	24.71
未利用地	−0.01	−12.14	0.21	363.75	0.01	0.19
河口水域	−15.25	−2.59	−38.25	−6.66	−62.11	−11.58
总值	−21.50	−2.39	−48.32	−5.50	−35.84	−4.32

1985—2016 年研究区生态系统的各项服务中，供给服务价值减少了 18.59 亿元，平均每年减少 0.60 亿元(表 6-2)，其中 1985—1995 年减少了 4.14 亿元，1995—2005 年减少了 6.85 亿元，2005—2016 年减少了 7.80 亿元。调节服务价值共减少了 13.73 亿元，其中 1985—1995 年减少了 2.31 亿元，1995—2005 年减少了 13.07 亿元，2005—2016 年增加了 1.65 亿元。支持服务价值总共减少了 72.04 亿元，其中 1985—1995 年减少了 15.60 亿元，1995—2005 年减少了 27.21 亿元，2005—2016 年减少了 29.23 亿元。而文化服务价值则在 1985—1995 年增长了 0.77%，1995—2005 年减少了 2.6%，2005—2016 年减少了 1.01%。

表 6-2　1985—2016 年长江河口服务类型的 ESV 变化

类　　型	1985—1995 年		1995—2005 年		2005—2016 年	
	变化值 (亿元)	变化率 (%)	变化值 (亿元)	变化率 (%)	变化值 (亿元)	变化率 (%)
供给服务价值	−3.94	−4.14	−6.85	−7.5	−7.80	−9.27
调节服务价值	−2.31	−0.69	−13.07	−3.97	1.65	0.52
支持服务价值	−15.60	−3.65	−27.21	−6.61	−29.23	−7.60
文化服务价值	0.35	0.77	−1.20	−2.60	−0.45	−1.01
总值	−21.50	−2.39	−48.32	−5.50	−35.84	−4.32

6.2　生态系统服务的空间变化特征

利用 ArcMap 10.2 软件，基于 LULC 计算得到的研究区生态系统服务功能价值，而后将 1985—2016 年分成 1985—1995 年、1995—2005 年及 2005—2016 年三个分组，利用空间分析功能计算不同时间年份各生态系统服务的时空变化，如图 6-2 所示。

从空间变化分析来看，1985—2016 年研究区的生态系统服务功能发生了巨大的变化，尤其是滨海湿地生长区域和城乡接合区域的变化幅度较大。1985—1995 年期间，长江河口北支滨海湿地(启东岸滩)的 ESV 有所增加，得益于该区域盐沼湿地的扩张；这一时期研究区其他岸段的滨海湿地的 ESV 有一定幅度的减少，尤其是崇明东滩湿地的减少幅度最大；内陆水体湿地的 ESV 在这一时期的变化幅度较小，存在微弱的上升；而在非湿地区域由于城市化建设，农田大量减少，生态系统服务价值有所减少。1995—2005 年期间，得益于崇明东滩湿地自然保护区和九段沙湿地自然保护区对湿地的保护，这两个区域的湿地生态系统服务价值有所增加，而随着人类对滨海湿地的干

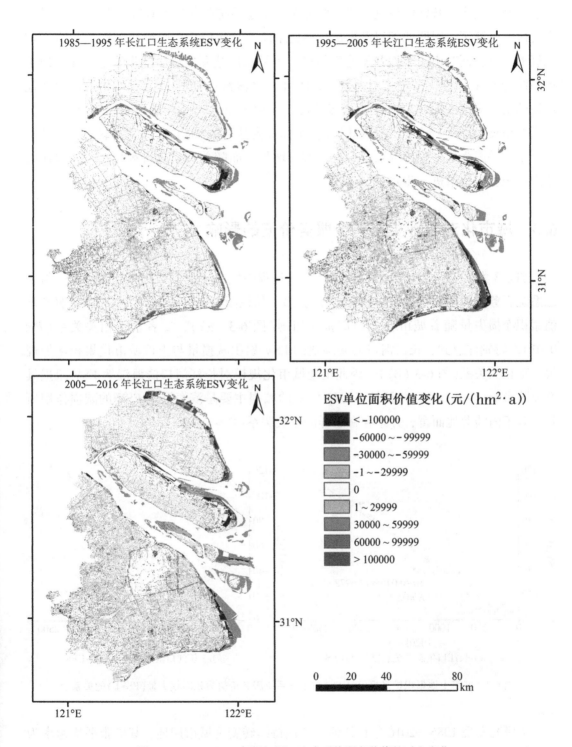

图 6-2　1985—2016 年长江河口生态系统服务价值的时空变化

扰强度越来越大，长江河口其他岸段滨海湿地生态系统服务价值有所减少。这一时期，奉贤区、青浦区、崇明北部以及南汇边滩的水体养殖面积均有所增加，其 ESV 有一定幅度的上升；同时由于土地开发速率加快，大量农田被开发成了建设用地，非湿地生态系统的 ESV 减少幅度较大。2005—2016 年，九段沙湿地的 ESV 继续增加；而其他岸段的滨海湿地的 ESV 存在更大幅度下降，主要由于这一时期围填海活动更加频繁，滨海湿地损失严重；这一阶段内陆湿地（水体和内陆沼泽）的 ESV 价值有较大幅度的增加，主要是因为这一阶段内陆湿地面积有所增加，而随着城市化进程加快，非湿地的生态系统服务价值进一步减少。

6.3　城市化对湿地生态系统服务价值的影响

图 6-3 为 1985—2016 年长江河口城市化过程中城市土地累积扩张规模（UES）与生态系统服务价值累积净损失量（ESVL）的关系。从该图可知，长江河口生态系统服务价值累积净损失量随着城市土地的扩张而加剧（图 6-3（a）），二者呈正相关关系（$P < 0.01$）。特别注意到，长江河口滨海湿地的 ESV 累积减损量与土地城市化累积增加规模呈正相关关系（图 6-3（b）），因此土地城市化规模对长江河口滨海湿地 ESV 减损具有显著影响（$P < 0.01$），并且长江河口 ESV 的减损主要是滨海湿地 ESV 的减损作用所致。对于内陆湿地而言，并不存在这样的相关关系（$P > 0.1$）。

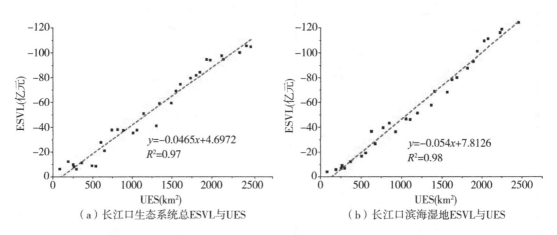

图 6-3　城市土地累积扩张规模（UES）与生态系统服务价值累积净损失量（ESVL）的关系

本研究发现 1985—2016 年长江河口土地持续转变为城市用地，其扩张平均速率为 5.78%，并且有增有减（表 6-3）。生态系统服务的总价值在有些年份是增加的，在有些年份是减少的，直接用年际的土地城市化速率与生态系统服务价值无法建立相关关系。本书以 5 年为时间间隔，统计城市化平均扩张速率和生态系统累积损失的关系，发现 1985—2010 年的土地城市化平均扩张速率与长江口生态系统 ESV 累积损失总量和滨海湿地累积损失量具有正相关关系($r=0.74$；$P<0.1$)，这说明土地城市化速率对长江口生态系统服务价值减损也具有显著的影响。而至 2010 年后，随着城市化速率放缓、人工造林及城市绿化的扩大，加上日益重视湿地保护，滨海湿地 ESV 损失量也开始放缓。

表 6-3 土地城市化扩张速率对 ESV 的影响

年份	土地城市化 平均扩张速率(%)	ESV 损失 总量(亿元)	滨海湿地 ESV 损失量(亿元)
1985—1990	9.49	−6.69	−6.88
1990—1995	5.48	−14.81	−18.94
1995—2000	6.27	−16.85	−18.42
2000—2005	5.75	−31.48	−30.72
2005—2010	4.23	−25.60	−29.58
2010—2016	3.47	−10.24	−21.49
1985—2016	5.78	−105.66	−126.10

6.4 本章小结

本章基于时序遥感数据分析长江河口湿地生态系统 ESV 的长期变化特征，得出以下结论：

(1) 1985—2016 年研究区 ESV 功能总价值呈逐年递减趋势，总体下降幅度约 12%。其中：滨海湿地的 ESV 呈逐年递减趋势，降幅达到 20%；内陆湿地的 ESV 呈上升趋势；其他生态系统的 ESV(主要是农业用地)总和也呈现下降趋势，下降幅度超过 10%。

(2) 1985—2016 年研究区生态系统的各项服务中，供给服务价值减损了 18.59 亿元，调节服务价值减少了 13.73 亿元，支持服务价值减少了 72.04 亿元，而文化服务价值减损了 1.3 亿元。

(3) 从空间上看，滨海湿地分布区域和城乡接合区域的 ESV 变化幅度最显著。

(4) 城市扩张速率与城市累积扩张规模与 ESV 净损失量呈正相关关系。

第7章 长江河口湿地长期演变的驱动机制分析

7.1 长江河口湿地长期演变的自然驱动因子

7.1.1 区域气候变化对内陆湿地的影响

气候变化主要通过气温与降水量变化对湿地生态系统产生影响(孟焕等,2016)。从 1985—2016 年长江河口的气象资料来看,研究区年均气温呈波动性上升趋势(图7-1(a)),说明 30 多年来研究区气候变暖了;而年均降水量年际有增有减,波动较大,整体趋势变化并不明显(图 7-1(b))。理论上,在降水整体幅度没有明显变化的情况下,区域气候不断变暖,加剧了湿地蒸发量,内陆湿地面积将会减少(负相关);而实际情况是,相关性分析表明长江河口内陆湿地总面积与年均气温的相关系数为 $r = 0.373(P<0.05, n=32)$,而与降水量的相关系数为 $r = 0.04$(不显著)。理论上的结果与实际相矛盾,这主要是因为在快速城市化的长江河口区域,内陆湿地的演变主要受到人类活动等因素影响,区域气候变化因子并不是内陆湿地长期演变的主导因素。

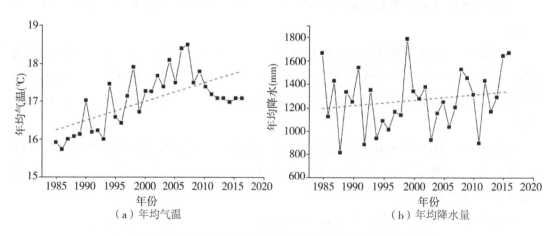

图 7-1 1985—2016 年长江河口年均气温和年均降水量变化特征

7.1.2　入海泥沙通量减少对滨海湿地的影响

受长江流域气候变化和人类活动的双重影响，长江河口入海泥沙通量呈现持续下降的趋势(图7-2 (a))。长江入海泥沙通量减少导致河口造陆功能减退，滨海湿地发育减缓，面积减少(图3-5)。基于1985—2016年长江河口入海泥沙通量与滨海湿地面积(不包括浅海水域部分)相关分析表明，二者相关系数 $r = 0.69$，呈显著的正相关关系($P < 0.01$，$n = 32$)。这一结论表明入海泥沙通量对于长江河口滨海湿地面积的发育具有显著影响，即长江河口入海泥沙通量越大，长江河口滨海湿地面积相应就越大。

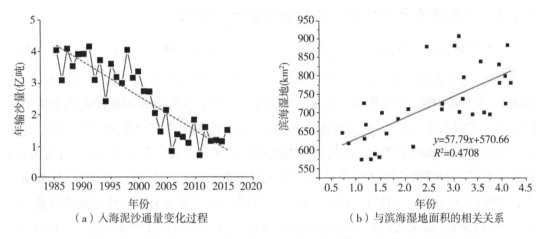

（a）入海泥沙通量变化过程　　　　（b）与滨海湿地面积的相关关系

图7-2　1985—2016年长江河口入海泥沙通量变化过程及其与滨海湿地面积的相关关系

7.1.3　全球气候变化对滨海湿地的影响

19世纪中叶以来，全球气候变暖是不争的事实，进入20世纪，全球气温上升就呈现加速的趋势。IPCC第五次评估报告(AR5)认为，1880—2012年，全球的平均地表温度升高了0.85℃，预计21世纪末全球平均地表温度在1986—2005年的基础上将升高0.3~4.8℃。其预测的变暖速率是最近一万年内最快的(IPCC，2014；秦大河等，2014)。

气候变暖的结果之一就是海平面上升，20世纪全球海平面上升了100~200mm(IPCC，2001)。长江河口作为我国的大型河口，是全球变化的敏感地带，易思等(2017)基于统计模型预测长江河口海平面至2100年将上升256~1215mm。海平面的上升将直接导致滨海湿地环境发生变化，并可能引发一系列的环境问题(施雅风等，2000；杨华庭，1999；陈梦熊，1996)。Ge等(2016)结合长江河口植被演替规律和泥沙沉积过程模拟了海平面上升对长江口盐沼景观演变的影响，其预测结果表明至2100

年，若海平面在较低幅度上升(0.3m)情景下，长江河口盐沼面积将下降 4%~16%；若海平面在较高幅度(0.98m)上升的情景下，长江河口盐沼面积将会呈现更大程度的减损(6%~25%)。崔利芳等(2014)基于多种情景模拟研究表明，伴随着海平面上升，长江河口滨海湿地轻度脆弱和中度脆弱的湿地面积比例将明显提高。李希之(2015)基于 AR5 中提出的四种海平面上升情景模拟了长江河口滩涂湿地植被未来 100 年的变化及其生态效应，结果表明植被的群落将发生巨大变化，芦苇群落将先减少后增加，互花米草群落将先增加后减少，而蓁草属群落基本维持动态平衡，植物的生态服务功能会有所增加。

7.1.4　外来种米草属植物扩张对滨海湿地的影响

米草属植物作为中国沿海岸的外来种，属于 C_4 植物，具有广盐性、耐淹性、高适应性和强繁殖能力等特点，种群可以迅速扩张和爆发(关道明，2009；王卿等；2006)。米草属植物(互花米草、大米草和狐米草)由于具有很强的促淤造陆和消浪护堤作用，被引入长江河口后(政策因素)，它一方面能够增加海岸带滩涂的面积，提高盐沼湿地生态系统的生产力，促进滩涂湿地的水、气、土壤中各元素循环，净化环境，并且具有直接和间接的经济价值，如家畜饲料、造纸原料和保健产品的原料(Wan et al.，2009；Zuo et al.，2012)。但是，由于米草属植物相对土著植物具有显著的竞争优势(自然因素)，爆发式的扩张给长江河口湿地生态系统造成了负面的影响(Li et al.，2009；Lu et al.，2013；Ai et al.，2016)，包括降低土著植物的优势度、降低鸟类种群数量、影响鱼类的多样性、可能引起水体富营养化、妨碍渔业生产、减少旅游资源、影响水上交通等(王卿等；2006；Wan et al.，2009)。1985—2016 年，米草属植物为长江河口新增盐沼面积 195.54km² (表 4-3)，并且加速了新生滩涂的生成，为城市化建设提供了大量急需的后备用地，带来了巨大的经济价值；但上面提及的很多负面影响也相继被报道(Li et al.，2009)。总之，对于米草属植物群落对湿地生态系统的影响还没有定论，争议较大，需要根据具体情况做具体分析。

为了减少米草属植物对长江河口盐沼湿地生态系统结构和功能的负面影响，管理部门采取了多种措施对长江河口米草属群落进行控制和治理，包括基于物理机械方法的人工刈割、拔除和围堤，以及基于化学方法的草甘膦除草剂喷洒(王卿，2011)。从治理效果来看，完全无害根除长江河口的米草属群落几乎是不可能的(附图 2)，并且治理米草属群落也对土著植物群落产生很多负面影响，如大规模地水淹互花米草，也会消灭水淹范围内的所有其他土著植物。因此，如何有效和环境友好地管控、治理米草属群落还需要做进一步研究。

7.2 长江河口湿地长期演变的人为驱动因子

7.2.1 城市化对内陆湿地生态系统的影响

城市化对内陆湿地生态系统的影响是一个复杂的过程。

首先，由于快速的城市化，大量的农业用地和内陆湿地被改造成不透水面(图 3-2;表 3-2)，经城市建设改造的区域的下垫面渗透性、滞水能力和降雨径流关系都发生了改变，这对城市湿地水文过程具有很大的影响。当降雨后，城市化区域的下垫面的天然调蓄能力减少，汇流速度加快，径流系数增大，导致雨洪径流明显高于未城市化区域(郑小康等，2008)，过强的径流洪峰甚至引发内涝灾害。

其次，城市化过程中，一方面直接占用河流湿地和湖泊湿地，填埋内陆沼泽和水塘来满足城市建设；另一方面新建了青草沙水库等大型水库和水利设施来满足城市建设的需求，改变了研究区的河网水系结构(图 3-2)。相关分析表明，内陆水体与城市化规模的相关系数为 0.824($P<0.01$，$n=32$)，这表明城市规模越大，内陆水体面积相应也会增大，这主要是城市化过程中养殖水体面积、滨海休闲景观水体及新修的用水水库面积不断增大造成的(图 5-2)。

再次，城市化过程中，由于养殖业带来的巨大的经济效益，大量的农田和滨海湿地转化成养殖水体(表 5-1)，而养殖水体对区域的水质环境可能产生较大的负面影响，易造成水体富营养化等环境问题。

最后，长期大规模的城市化，导致了下垫面大气辐射和热力性质发生改变，对城市气候产生了影响，例如上海市由于长期快速的城市化导致了显著的城市热岛效应，使城市气温明显高于郊区(彭保发等，2013;闫峰等，2007)。而城市化引起的气候变化(如气温升高)，可能进一步引起湿地面积减少(郑小康等，2008)。

7.2.2 城市化诱导的滩涂开发与围填海对滨海湿地的影响

在持续、快速的城市化进程中，长江河口区域人口和经济的持续快速增长(图 7-3)，导致人地矛盾非常突出。一方面，直接围垦滨海湿地，用于码头、交通等建筑用地建设(滩涂开发)；另一方面，城市建设大量占用农业用地，使得耕地急剧减少(图 3-3)，为了执行区域耕地占补平衡的国家政策，只能通过围垦滩涂补充耕地。相关分析表明，1985—2016 年滨海湿地面积与区域人口和 GDP 的相关系数分别为 -0.581($P<0.01$，$n=32$)和 -0.705($P<0.01$，$n=32$)，这说明代表城市化规模、速率

的人口和 GDP 指标与滨海湿地面积呈（显著的）负相关。而滨海湿地面积与城市规模累积指数的相关系数为-0.752（$P<0.01$，$n=32$），即城市化规模越大，长江河口滨海湿地面积越小。综上所述，城市化及其规模变化是长江河口滨海湿地演变的核心驱动因子之一。

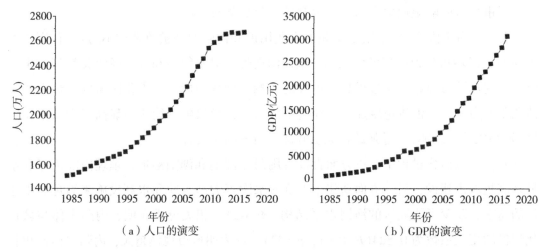

（a）人口的演变　　　　　　　　（b）GDP 的演变

图 7-3　1985—2016 年长江河口区域人口和 GDP 的演变过程

7.3　长江河口典型湿地长期演变机制分析

在自然因素和人类活动的双重影响下，长江河口不同区域湿地的演变机制的主导因素有所差异，本节以长江河口典型的崇明东滩、九段沙、启东市岸滩和南汇边滩湿地为例，尝试分析长江河口典型湿地生态系统的长期演变机制。

7.3.1　崇明东滩湿地长期演变机制分析

1985—2016 年崇明东滩湿地生态系统演变过程如图 7-4 所示。从前文分析和图 7-4 可知，围垦、外来种入侵和气候变化（如海平面上升）是崇明东滩湿地长期演变的核心驱动因子。具体来讲，1985—1989 年，崇明湿地受人为活动影响相对较小，主要以自然因素为主导。这一时期，崇明东滩的芦苇湿地面积以年均 $1.75km^2$ 的速度增加，而受自然灾害（病虫害或风暴潮）的影响，藨草属湿地的面积略有减少，总盐沼湿地面积年均仅增长约 $0.8km^2$（图 7-5）。1990—1993 年，崇明东滩总计有 $64.24km^2$ 的盐沼湿地遭受围垦，损失了 84.00% 的盐沼湿地，其中 $25.82km^2$ 的芦苇湿地、$38.42km^2$ 的藨草

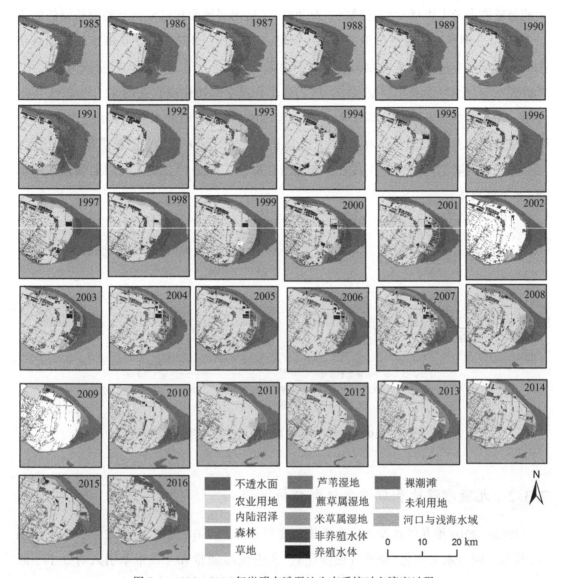

图 7-4　1985—2016 年崇明东滩湿地生态系统时空演变过程

属湿地被围垦。经过这次大规模围垦后，该区域芦苇湿地和薹草属湿地的面积再也没有恢复到围垦前的 50%（图 7-4）。这一时期围垦的湿地最后主要转变成耕地和养殖池塘。1994—1998 年，围垦湿地的面积与自然生长湿地的面积基本维持动态平衡，没有明显的大波动。

从 1998 年开始，东滩的米草属湿地已经能够从卫星遥感影像上探测到（30m 分辨率），此后不断扩张，至 2013 年初，其面积达到峰值，为 14.35km² （图 7-5）。这期间虽然经过 1999 年的大规模围垦（21.56km² 的滨海湿地被围垦），此后由于互花米草强大的繁殖能力及人类活动相对减弱，至 2006 年盐沼湿地面积已经恢复到围垦前的面积（1998 年），即东滩的盐沼湿地平均每年恢复 3.08km²。2007—2013 年围垦的面积与新生成的面积基本持平，东滩湿地总体处于动态平衡状态。东滩湿地先转变成内陆盐沼，然后经水淹(6 年)形成非养殖水体，最后逐步开发全部转化成农业用地。从 2013 年末开始，新一轮的互花米草去除工程启动，至 2016 年，东滩的米草属湿地已经基本去除，盐沼湿地总面积减少了 48.03%。目前围垦的盐沼湿地原始的植被群落全部去除，部分转化成内陆沼泽湿地，正在栽种本土植被群落，部分转变成未利用地和未利用水面(非养殖水体)。

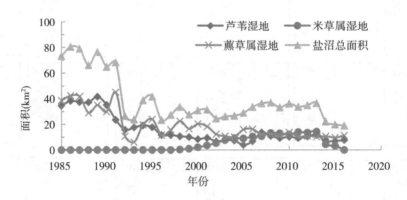

图 7-5　1985—2016 年崇明东滩盐沼湿地长期变化特征

7.3.2　九段沙湿地长期演变机制分析

1985—2016 年九段沙湿地生态系统演变过程如图 7-6 所示。由前文分析结果和图 7-6 可知，河口水文变化(全球气候变化)、入海泥沙通量和互花米草引入对处于不断发育、成长的九段沙湿地的演变起主导作用。具体来讲，1985—1990 年，从遥感影像上并未在九段沙洲直接观测到斑块状的湿地植被，剔除个别异常值，在未受明显的人为干扰条件下，该时期九段沙滩涂的总面积以年均 3.55km² 的速度扩张(图 7-7)。1991—1998 年，芦苇和海三棱藨草开始生长在九段沙湿地，但这一时期没有引入互花米草，九段沙滩涂湿地的总面积以年均 4.83km² 的速度扩张，盐沼湿地(植被覆盖度30%)以年均 2.06km² 的速度扩张。相较于 1985—1990 年，1991—1998 年年均入海泥沙通量略有微弱减少(图 7-2)，但湿地总面积扩张速率更快，说明湿地植被群落建立后有益于九段沙湿地的发育和生成。

1997 年经人为引入互花米草到九段沙湿地后，本研究发现最早在 1999 年可从遥感影像上观测出斑块状的互花米草湿地，此后其面积持续不断地增加(图 7-7)，成为面积最大的优势植物物种。1999—2016 年，九段沙滩涂湿地的总面积年均以 $2.98km^2$ 的速度扩张，盐沼湿地年均以 $3.34km^2$ 的速度扩张。相较于 1991—1998 年，1999—2016 年，九段沙湿地的滩涂总面积年均增长速度变缓了，主要因为上游入海泥沙通量减少了；而盐沼湿地面积扩张速度明显加快了，这主要由于外来种互花米草快速扩张。

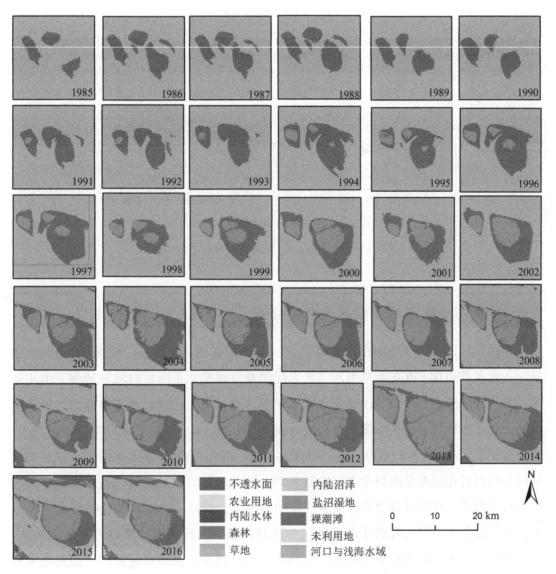

图 7-6 1985—2016 年九段沙湿地生态系统时空演变过程

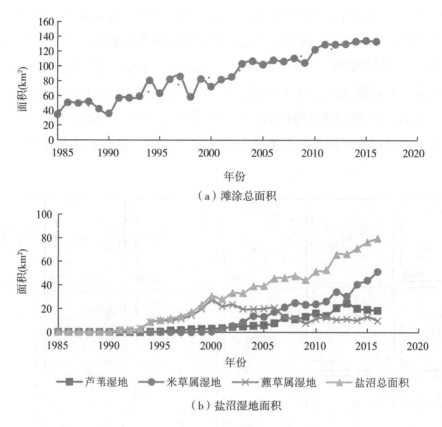

（a）滩涂总面积

芦苇湿地　　米草属湿地　　藨草属湿地　　盐沼总面积

（b）盐沼湿地面积

图 7-7　1985—2016 年九段沙湿地长期变化特征

7.3.3　南汇边滩湿地长期演变机制分析

1985—2016 年南汇边滩湿地生态系统演变过程如图 7-8 所示。由图 7-8 可知，围垦、入海泥沙通量、互花米草引入、人工促淤及气候变化是南汇边滩湿地演变的主要驱动力。具体来讲，1985—1992 年互花米草引入前，南汇边滩湿地围垦速率与淤涨速率处于动态平衡状态，其滩涂总面积波动较小（图 7-9（a））；沼湿地以芦苇湿地为主，面积波动也较小（图 7-9（b））。这一时期共有 24.97km² 的滨海湿地被围垦，这些被围垦的湿地以转化成养殖池塘为主。1993 年后，斑块状的互花米草可以直接从遥感图像上被解译出来。在围垦规模没有明显扩张的情况下，1993—2001 年滩涂总面积有所增加，说明互花米草引入有助于滩涂促淤，该时段围垦的湿地以转化成养殖池塘为主；这一时期，芦苇湿地和藨草属湿地的面积并未明显减少，反而有所升高，而互花米草的湿地面积不断增加，这说明该时段互花米草入侵主要侵占裸潮滩。2002—2004 年，南汇边滩进行了一次大规模的湿地围垦，96.50% 的滨海湿地被圈围，并且所有盐沼植被消失了，这表明围垦是所有土著植被消失的主要因素。该时期围垦的湿地最终转化成了农业用地、建筑用地和内陆水体(人工湖)。2005—2008 年期间的遥感影像上并没有明显地观测到滩涂淤涨，湿地发育缓慢。2008 年开始，在人工促淤和自然淤涨的双重影响下，滩涂湿地开始慢慢恢复，到 2016 年重新达到 59.07km²(图 7-9(a))。然而，盐沼湿地没有恢复，其面积非常小(图 7-9(b))，主要以互花米草湿地为主，土著植被湿地面积仍然几乎为 0。

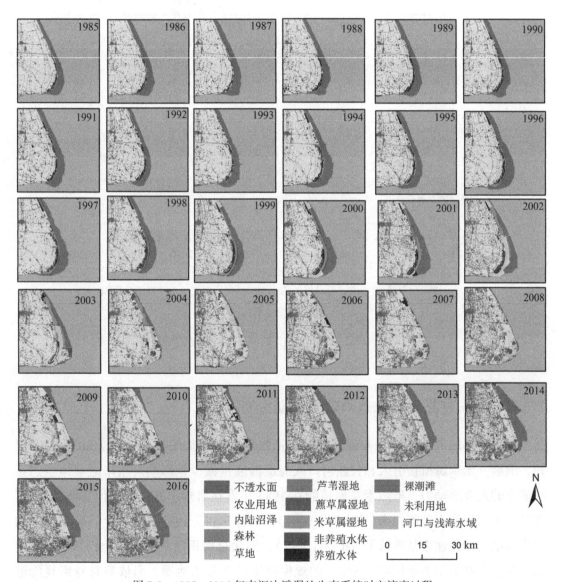

图 7-8 1985—2016 年南汇边滩湿地生态系统时空演变过程

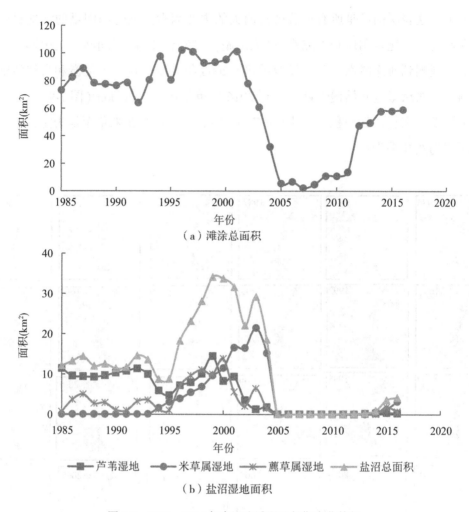

（a）滩涂总面积

■芦苇湿地　●米草属湿地　＊蓑草属湿地　▲盐沼总面积

（b）盐沼湿地面积

图 7-9　1985—2016 年南汇边滩湿地长期变化特征

7.3.4　启东市岸滩湿地长期演变机制分析

1985—2016 年启东（市）岸滩湿地生态系统演变过程如图 7-10 所示。由图 7-10 可知，围垦、米草属植物引入和长江河口入海泥沙通量减少是影响启东岸滩湿地生态系统演变的主要驱动力。虽然米草属植物在 1983 年就在启东岸滩试种，但直到 1993 年才能从遥感影像上监测出来（沈永明，2002）。具体来讲，1985—1992 年，启东岸滩的滩涂围垦与淤涨速率基本持平（图 7-11（a）），滩涂总面积没有明显变化；其中，虽然碱蓬等混合群落湿地年均以 1.86km² 的规模被围垦成养殖池塘，但依靠自身恢复能够弥补被围垦的湿地（图 7-11（b））。1993—1998 年，围垦强度有所加强，启东岸滩的湿地总面积减少了约 8km²，略有减少。而这一时期碱蓬等混合群落湿地在米草属植物的入侵和围垦的双重影响下大幅度减少，面积减少了 43.71%；相反，米草属湿地面积大幅度增加，至 1998 年其面积占盐沼湿地面积的 67.41%，总计达到 15.64km²。1998—2016 年，随着长江河口入海泥沙通量减少，滩涂淤涨速率减缓，围垦规模不断增加，该区域的滩涂总面积持续下降，总计达到 54.9km²，占比 58.48%；其中，盐沼植被几乎全部被围垦殆尽，这些被围垦的湿地部分转化成养殖池塘，部分转化成不透水面（建设用地和交通用地），这说明该滨海湿地正处于过度围垦时期，破坏了湿地生态系统的平衡。

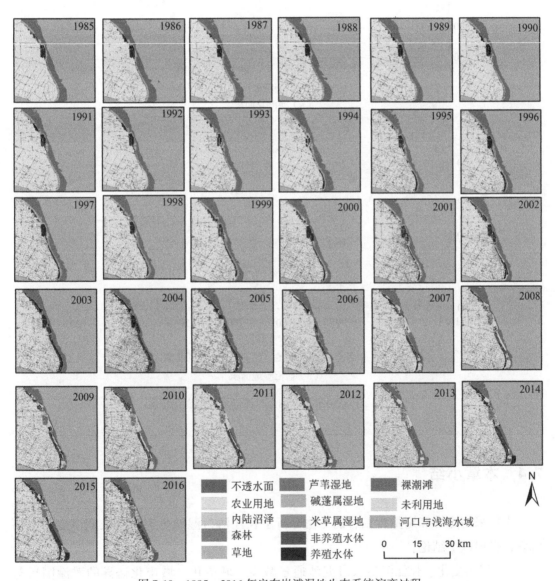

图 7-10　1985—2016 年启东岸滩湿地生态系统演变过程

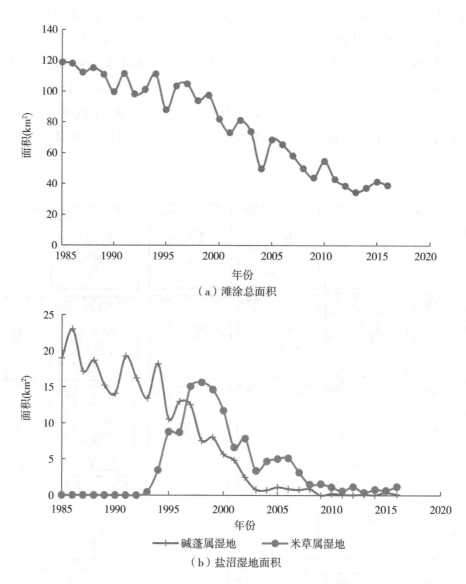

（a）滩涂总面积

（b）盐沼湿地面积

图 7-11　1985—2016 年启东岸滩湿地长期变化特征

7.4　本章小结

本章采用定性和定量相结合的方法分析了长江河口湿地生态系统长期演变的驱动机制，得出以下结论：

（1）气候变化、长江河口入海泥沙通量减少、城市化、城市化诱导的滩涂围垦与开发和外来种入侵是长江河口湿地生态系统长期演变的主要驱动力。

(2)不同的驱动因素对于不同的典型湿地生态系统的影响强度不同，围垦、外来种引入和入海泥沙通量减少是崇明东滩、南汇边滩和启东岸滩湿地长期演变最显著的影响因子，而入海泥沙通量变化和外来种引入是九段沙湿地演变最显著的影响因子。

第8章 长江河口湿地长期遥感监测的应用与展望

本章首先分析了长江河口湿地保护与修复的成就、教训，然后，基于对长江河口湿地生态系统长期演变规律和驱动机制的认知，针对目前存在的问题，提出长远的湿地生态恢复建议。

8.1 长江河口湿地保护与修复的历史成就

为保护长江河口湿地，各级政府已建立了多个湿地保护区，详见表8-1。这些保护区主要是为了保护长江河口典型湿地生态系统、鸟类及其栖息地、鱼类及其栖息地、河口地貌等（操文颖等，2008；马涛等，2008；高宇等，2017）。

表8-1 长江河口湿地自然保护区基本概况

保护区名称	级别	行政区域	建立时间(年)	主要保护对象
崇明东滩鸟类保护区	国家级	上海市	1998	鸟类及栖息地
九段沙湿地自然保护区	国家级	上海市	2000	鸟类及河口地貌
长江口(北支)湿地保护区	省级	江苏启东市	2002	鸟类及栖息地
长江口中华鲟湿地自然保护区	国际级	上海市	2003	中华鲟

除了建立各级别湿地保护区，上海市和江苏省均出台了《湿地保护管理条例》，编制了相关的湿地保护与修复规划，开展了湿地保护科普教育和文化宣传工作以及湿地法治建设等工作。据顾今（2015）的报道，近10年来，这些政策和保护措施使得上海市湿地保护率从22.4%提高到34.5%，人工湿地面积增加了5329.9hm²。因此，长江河口湿地保护与修复政策在扩大长江河口湿地面积、提高自然湿地保有量及修复退化湿地生态系统等方面作出了重要贡献，也取得了很大的成就。

8.2　长江河口湿地保护与修复的不足

8.2.1　湿地生态系统长期变化的科学研究不足

科学研究成果是湿地保护与修复管理策略制定的依据，科学成果的有效性是提高实际保护与修复措施的有效性的关键。然而，以往的科学研究大多只关注湿地生态系统变化的短期变化过程和驱动机制，对湿地环境长期变化研究不足。另外，很多的湿地研究成果仅基于单学科单因素分析，缺乏多学科交叉和多要素综合的长期研究。目前，对长江河口湿地生态系统的长期遥感监测研究仍较缺乏，还需要进一步基于大尺度的遥感观点，分析整个湿地生态系统长期演变过程与机制。虽然现有的湿地保护措施在生态示范区范围内取得了很大成功，但从长期视角来看，长江河口滨海湿地退化趋势仍未得到根本扭转，急需基于长远视角制定相应的湿地保护与修复策略。

8.2.2　湿地保护与生态修复政策的实施力度不足

长江河口湿地拥有多个国家级和国际级别的湿地保护区（表8-1），保护该湿地是国家的要求，也是区域生态安全的重要保障。同时，长江河口湿地尤其是潮滩资源，也是城市发展中重要的战略性后备用地，围垦滨海湿地用于补偿其他地类的不足是目前解决城市发展中人地矛盾问题的一种常用途径。然而，过度人为干扰或围垦将导致湿地生态系统结构发生变化和功能严重退化，例如启东岸滩和南汇地区本土湿地植物基本消失了。为解决这两者之间的矛盾，各级部门制定了多个湿地保护与生态修复的中长期规划和政策，如《上海市城市总体规划（2017—2035）》《上海市湿地保护修复制定方案》，这些方案均对湿地的具体类型及其保有量进行了规划。然而，从本书的结论可知，长江口湿地生态系统总体上仍然处于退化状态，因此需要进一步加强湿地保护与生态修复政策的落实。

8.3　基于长期遥感监测的长江河口湿地生态恢复建议

8.3.1　融合生态系统服务的湿地保护与修复长期规划

生态系统服务权衡产生于人类对生态系统服务的选择偏好，最终目标是维持生态系统的可持续发展，服务于人类健康和福祉（傅伯杰等，2016；彭建等，2017）。长江河口生态系统的各个子系统的ESV的服务类型和价值量差异明显，且存在此消彼长的关系，如把内陆湿地转变为农田，这一过程增加了其供给服务，也相应减少了其调节和支持服务(见第 6 章)。湿地虽然是长江河口区域多种子生态系统中 ESV 最高的生态系统，提高湿地保有量可增加整个区域的 ESV；但作为城市建设用地和耕地补充的重要后备资源，湿地常常被直接或间接地占用而导致系统 ESV 减损，这是湿地保护和生态恢复与区域发展之间存在的现实矛盾。为了实现区域发展与湿地保护的双赢目标，研究长江河口不同子生态系统服务权衡并应用于湿地保护与修复的长期规划具有重要意义。

根据本书对长江河口湿地生态系统 ESV 长期变化过程与机制的研究，可为基于生态系统服务权衡的长江河口湿地保护与修复规划提供以下参考建议：

(1)城市化诱导的长江河口区域 LULC 发生了巨大变化，城市化对整个区域的 ESV 和湿地生态系统的 ESV 均有显著影响，因此，湿地保护与修复的长期规划必须纳入城市土地利用的总体规划(长期)，这可为湿地保护与修复规划的落实奠定基础。

(2)长期来看，城市化诱导的滨海湿地过度围垦是长江河口湿地生态系统 ESV 减损的最重要因素，因此为编制湿地保护与修复的长期规划，在土地利用总体规划的基础上，应重点规划滨海湿地围垦的长远目标，限制滨海湿地围垦的规模，最大化增加滨海湿地保有量。

8.3.2　基于植物群落长期演变规律的盐沼湿地恢复与重建策略

本研究表明长江河口盐沼湿地呈明显的退化趋势，对其进行生态恢复和重建对区域生态安全具有重要的意义。从目标来看，盐沼湿地恢复与重建首先需要进行结构修复，然后达到功能修复。为完成这一目标，选定一个恢复的原始状态时间参考点是最基本的，而长时间序列连续的遥感监测可为这一状态选定提供参考依据。从原则来看，除了基本的可行性、美学和本土化原则，遵循湿地长期演变规律的原则可以达到事半功倍的效果(付为国，2006)。

在实际生态恢复工程中，可根据不同分区盐沼湿地的长期演变特征和驱动机制来制定相应恢复目标和工程措施。根据长期演变规律制定的湿地恢复与重建策略的独特优点：①可基于盐沼湿地生态系统的长期演变过程分析，在确定经济投入限定条件下相应恢复过程的短期和长期目标，尤其可根据其渐变规律拟定植被群落的补栽规模和分析其预期效果；②优化湿地恢复和重建植被群落的空间布局；③可为植被恢复效果提供历史参照。

以崇明东滩湿地为例，假设制定 30 年的盐沼湿地恢复与重建规划，那么根据经济投入，在人为干扰较弱的情况下崇明岛湿地植被自然恢复的平均速率约 1.75 km²(见7.3.1 小节)，根据需要恢复的目标面积和经济投入就可以确定补栽其规模；根据区域土地利用的长期规划，对于需要围垦的区域不进行本土植物种植，减少不必要的投入，优化修复空间格局；检测恢复效果，可选取 1985—2016 年中任一年的或某些年份的历史轨迹作为比较，作为其恢复效果评估的参考。

8.3.3 基于长远视角的外来种米草属植物分区管控与治理策略

米草属湿地植物既有其积极的正面作用，又有其负面效应，但目前对于不同分区湿地的米草属植物的利弊评价却没有系统报道。基于长时间序列多源遥感数据与实地考察发现，虽然大量的米草属去除工程已经在长江河口实施，并且在示范区也取得了很大成功(很多岸段米草属植物已经灭绝)，但目前大规模去除技术必须以同时牺牲本土植物为代价，无法做到没有负面效应的有效根除。因此，需要从长远视角权衡其利弊以达到"扬长避短"的效果。

本书认为，需要根据湿地保护与生态修复的长期规划对米草属湿地采取分区管控和治理的策略。从长远视角来看，对于规划确定要被圈围并用于补充农业用地或建设用地的湿地，米草属湿地的利大于弊(促淤造地)。对于这些区域引入的米草属湿地，没有必要管控和治理；对于已经过度围垦且急需促淤来保护岸线的岸段，也没有必要管控(抵抗风暴潮等自然灾害，保护岸线)，因为米草属湿地对于区域生态安全很关键；而对于其他岸段，主要依据其生物多样性保护需求来评估是否需要管控和治理米草属湿地。

8.3.4 基于入海泥沙通量长期变化特征的湿地围垦策略优化

由于快速、持续的城市化，长江河口区域人地矛盾突出，长久以来，通过围垦湿地补充其他类型用地成为基本途径。本书基于长时间序列连续遥感数据监测表明，20世纪 80 年代，长江河口湿地年均淤涨面积大于 $26km^2$，而后由于入海泥沙通量的减少，到现在年均淤涨面积仅约为 $16km^2$。并且在不同的岸段的淤涨速率由于河口水文作用差异显著，然而，2010—2016 年年均围垦面积仍然达到 $25.45km^2$(见表 4-5)。按照生态平衡的要求，滨海湿地围垦的强度不能够超过滩涂自然淤涨的速度，显然，2010—2016 年的围垦规模将会破坏滨海湿地可持续发展。本书认为，若仍然无法避免围垦(不围垦最好)，从围垦的总规模来看，研究区范围内未来围垦规模年均不能超过 $16km^2$，这是基本的底线。对于不同分区的湿地而言，需要根据其具体的淤涨规模在总规模的限制下确定实际的围垦规模。

8.3.5 基于内陆水体长期演变特征的养殖水体空间优化

本研究表明，长江河口水系发达，在上海市的崇明区、奉贤区、青浦区、南汇区及启东市的靠海区域或沿江区域有大面积的养殖水体，而且很多依靠河流和水库而建，可能导致水体富养化、生物多样性丧失及景观破碎化等一系列的环境问题。高强度和大规模的池塘养殖是内陆水体产生水体富养化的重要原因（胡家文等，2005）。因此，可结合整个区域水体污染状况和本书绘制的养殖水体空间分布图（图 8-1）对水体富营养化区域进行养殖水体的空间优化。此外，长期跟踪养殖水体的空间变化特征和污染治理效果可为空间优化的效果评估提供可靠依据。

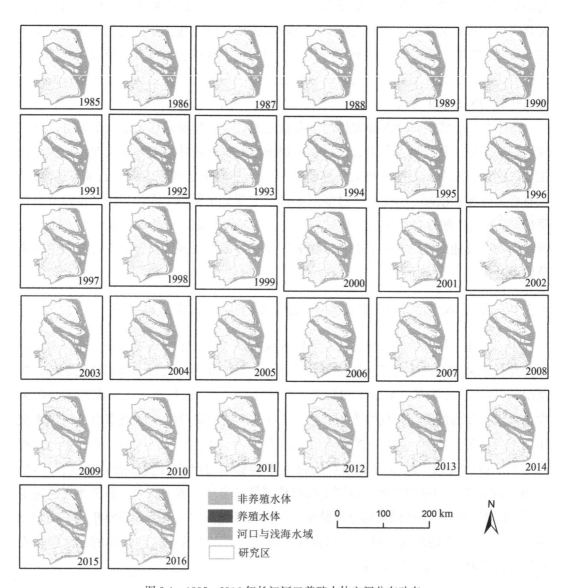

图 8-1　1985—2016 年长江河口养殖水体空间分布动态

8.4 河口湿地长期遥感监测的展望

近来国家已经投入了大量的人力、物力进行河口海岸湿地生态系统的生态恢复，而生态系统的长期演变过程与规律是生态恢复决策的基本依据，因此，开展大尺度典型河口海岸湿地生态系统的长期监测研究意义重大。然而，关于河口海岸湿地生态系统长期演变的遥感监测方法和监测内容并未成熟。本书仅是以长江河口湿地生态系统为例，对其湿地结构和功能的演变过程、特征和驱动机制作出了初步分析，在本书的基础上还需要从以下几个方面完善这一领域的研究：

（1）全自动的长时间序列精细湿地遥感产品生成新方法。本书开发了基于面向对象制图框架，生成了 1985—2016 年长江河口湿地生态系统有关的 LULC、滨海湿地和内陆水体产品，该方法在平衡效率和精度方面相对于传统方法有很大的改进。然而，为了产品的高精度和一致性，该方法并不是全自动的制图方法，包括了湿地边界提取和内陆沼泽等类别提取的手工编辑过程，并且没有解决混合像元问题。在未来的研究中需要发展全自动的长时间序列湿地遥感产品生成新方法来弥补这些缺陷。

（2）共享的湿地验证数据库。受经费和时间的限制，本书对湿地 LULC 产品仅做了6 景地图产品验证，而对滨海湿地产品仅验证了 3 景，没有收集足够多年份影像和验证数据来对长时间序列湿地遥感产品进行验证是本书的不足。而实际中，长江河口海岸湿地的研究已经进行了很多年，不同研究团队的实地考察数据较丰富，在相关文献中也有报道。但是这些数据多数并不是共享的，难以用于遥感产品的验证过程。如何构建一个共享平台来分享这些验证数据，将是未来一个很有价值的课题。

（3）河口海岸湿地生态系统长期监测内容体系的完善。本书仅是对长江河口湿地生态的结构和 ESV 长期演变作了初步分析，对于与湿地生态系统密切相关的植被结构参数如（生物量、水体质量长期变化等相关内容）均未介绍，这就需要在未来的研究中进一步完善河口海岸湿地生态系统长期监测内容体系。

8.5 本章小结

本章首先概述了长江口湿地保护与修复的历史成就与教训，然后基于长江河口湿地生态系统长期演变规律，提出了长江河口湿地保护与修复建议：

（1）融合生态系统服务的湿地保护与修复长期规划；

（2）基于植物群落长期演变规律的盐沼湿地恢复与重建策略；

（3）基于长远视角的外来种米草属植物分区管控与治理策略；

（4）基于入海泥沙通量长期变化特征的湿地围垦策略优化；

（5）基于内陆水体长期演变特征的养殖水体空间优化。

第9章　长江河口湿地遥感监测数据共享发布系统设计与实现

本章以长江河口长期遥感监测数据为基础，基于 B/S 三层架构模式，使用 WebGIS 技术进行专业化管理，设计并实现了长江河口湿地长期遥感监测数据共享发布系统。

9.1　系统分析

系统分析是采用软件工程的思想方法，对系统的实际情况进行综合分析，制定各种可行的方案，为系统设计提供依据。系统分析的主要任务包括对用户进行需求调研，开展用户功能需求、数据来源、成本等方面的深入研究，提出系统的逻辑模型，为用户和开发人员提供沟通桥梁。因此，系统分析直接决定了系统开发的质量和生命。

9.1.1　系统需求分析

根据《自然资源调查监测体系构建总体方案》(自然资发〔2020〕15号)的相关要求，在基础调查和专项调查形成的自然资源本底数据基础上，通过自然资源监测掌握自然资源自身变化及人类活动引起的变化情况，实现早发现、早制止、严打击的监管目标。本系统以长时序长江河口湿地遥感监测数据、实地考察数据、历史无人机影像等主要数据源，结合遥感影像技术、WebGIS 技术、GIS 软件工程技术和数据库技术，建立长江河口湿地 LULC 数据库、滨海湿地数据库、湿地水体数据库及生态系统服务价值数据库，实现对长江河口湿地时空变化的长期监测；并在此基础上，发布长江河口湿地长期遥感监测数据，为长江河口湿地保护和生态恢复提供科学依据和技术支撑。

系统的需求分析是 WebGIS 开发的基础，它对用户要求和用户情况进行调研，是系统总体设计和详细设计的前提和依据。需求分析需要确定用户的结构、工作流程、不同用户对应的系统界面和程序接口要求，以及系统应具备的功能、系统运营时间及成本等因素。实际工作中，系统需求分析的重点工作是搞清楚系统用户类型及需求特点、系统数据来源及质量问题、系统的功能需求和业务流程。

长江河口湿地遥感监测数据共享发布系统的用户调研对象主要包括对普通公众、科研人员和各级管理人员，在具体调研中向不同用户咨询系统功能要求、性能要求、可靠性要求等方面的问题。具体来讲，在这一阶段解决以下几个问题：①系统用户类型及需求特点；②系统数据源的调查分析；③系统开发的技术可行性问题；④系统开发的经费保障性问题；⑤系统效益调查分析；⑥运行可行性的调查分析。

在数据需求分析方面，重点考虑以下问题：①发布系统的数据形式，包括数据类型、显示形式等；②遥感监测数据的内容和精度要求；③数据分布问题，集中管理还是分布管理；④数据完整性问题；⑤数据建库与更新问题。

在功能需求分析方面，长江河口湿地遥感监测数据共享发布系统重点考虑以下问题：①遥感数据的基本操作功能，如解译影像的显示、图层控制、放大、缩小等功能；②遥感数据的编辑功能，包括图形编辑和属性编辑；③检索查询功能；④遥感数据的属性统计功能；⑤监测数据的管理功能，包括删除和更新功能等。

9.1.2 系统的目标

基于 WebGIS 技术体系，实现长江河口湿地长期遥感监测数据的网络发布，把长江河口湿地遥感长期监测信息通过 Internet 公布给需要的科研工作人员、各级管理部门和公众，为不同利益相关者提供实时、精准的湿地动态信息，为保护和恢复长江河口湿地提供科学依据。系统的主要功能目标是让客户端实现长江河口湿地信息的漫游、缩放、查询、下载等功能，同时让系统管理者能够对系统数据进行更新和删除。

9.2 系统总体设计

9.2.1 系统设计的原则

长江河口湿地长期遥感监测数据共享系统的目的在于构建一个以长江河口湿地长期遥感解译数据为基础，兼具有信息共享服务的 WebGIS 系统，其设计遵守以下原则：

(1)开放性原则。长期遥感监测数据共享系统遵循开放性原则，整个系统将采用标准化和统一化的数据格式，采用 WebGIS 相关技术实现开放性的服务接口。

(2)可靠性原则。在设计时充分考虑遥感监测数据属于大数据的特点，底层数据库系统需要支持分布式数据存储和查询，数据库系统需要支持数据冗余备份。

(3)数据一致性。长江河口湿地长期遥感监测数据涉及长时间序列的多源遥感数据类型，时空分辨率不一致，在共享之前，需要对数据进行预处理，使得数据保持一致性。

（4）先进性与可拓展性。共享系统设计需要能够满足实时的数据更新，系统设计需要考虑系统数据的更新及系统功能的扩充。因此，系统设计需要保证系统具有良好的伸缩性、最新的系统体系结构及预留扩充接口，便于对系统进行升级处理。

（5）交互性。共享系统需要确保用户能够及时接收信息并且反馈存在的问题。因此，系统设计需要让用户与服务器具有交互的能力。

（6）易用性。客户端界面需要友好、美观及操作简单。

9.2.2 系统的总体架构

长江河口湿地遥感监测数据共享发布系统是以多源遥感解译数据为基础，集成实测地面数据、基础地理信息数据和历史资料数据，利用 WebGIS 技术的优势，实现长江河口湿地长期监测数据的共享和发布。长江河口湿地遥感监测数据共享发布系统的总体架构由三个层次构成（图 9-1）：最底层是系统数据层，中间层是长江河口湿地遥感监测数据共享与发布的实现层（系统功能层），最顶层是系统应用决策层。

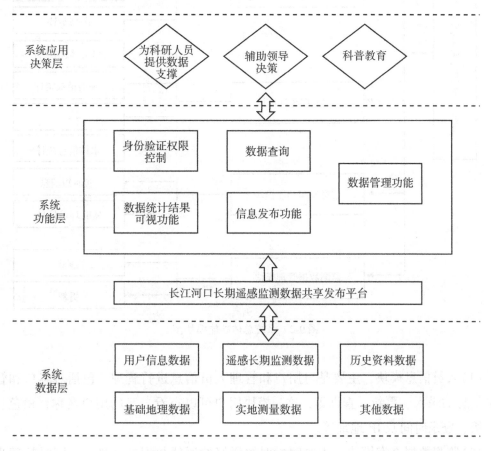

图 9-1 系统总体架构

9.2.3 系统的总体功能设计

长江河口湿地遥感信息共享发布和用户管理是本系统建设的主要内容, 详细可以分为人员信息模块、监测数据查询模块、监测数据统计模块、信息发布功能模块、监测数据管理模块(图 9-2)。下面对各模块进行简要说明。

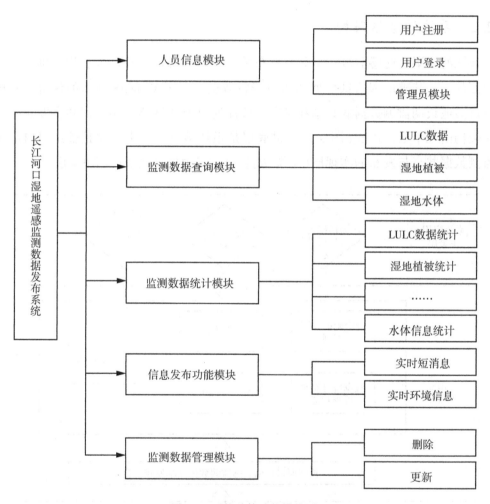

图 9-2 系统总体功能模块图

(1)人员信息模块, 主要是对用户和管理人员信息进行管理, 包括对客户和管理人员信息的录入、更新、查询等, 这一模块用户可以查看自己的用户名称、角色、权限等级、登录时间及 IP 地址等。

(2)监测数据查询模块, 主要完成对解译好的遥感数据进行显示, 同时整理当前的监测数据，具体包括遥感数据的放大、缩小、漫游、比例尺显示等查询操作。遥感监测数据包括 LULC 数据、滨海湿地植被数据、湿地水体数据，湿地生态系统服务价值数据、实地考察数据、基础地理数据、历史资料数据等。

（3）监测数据统计模块，主要用于对遥感解译结果的数据进行时空变化分析，以便于准确、可靠地提供湿地变化信息，及时发现异常，以便采取相应的对策。

（4）信息发布功能模块，主要完成系统实时短消息对客户的发布、长江河口湿地环境信息发布（如天气信息）等功能。

（5）监测数据管理模块，主要完成对最新监测数据的更新、编辑及对历史数据的删除和管理功能。

9.2.4 系统体系结构设计

GIS 系统通常包括单击模式、客户机/服务器模式（C/S 模式）、Web 浏览器/服务器模式（B/S 模式）。长江河口湿地遥感监测数据共享发布系统采用 B/S 模式结构设计，该模式不受时空距离限制，能够灵活、开放地浏览系统资源，充分发挥了互联网的特征。B/S 模式架构有三层（图 9-3）：第一层（表现层）主要通过 Web 浏览器完成用户与服务器的交互并且输出最终浏览查询的结果；第二层是逻辑层，主要是利用 Web 服务器完成客户的应用逻辑功能；第三层是数据库层，主要是接收客户端请求后独立进行各种运算。

图 9-3 B/S 模式体系结构

9.2.5 系统开发设计流程

长江河口湿地遥感监测数据共享发布系统开发设计流程如图 9-4 所示。由图 9-4 可知，系统开发按照先后顺序包括系统需求分析与可行性分析、系统总体设计、系统详细设计、数据库设计、功能模块设计、系统实施（集成）、系统测试及交付运行等过程。其中，系统数据建库过程包括用户信息库、遥感监测数据库（包括遥感影像数据库和遥感专题结果数据库）、基础地理信息数据库、实测数据库和其他数据库。

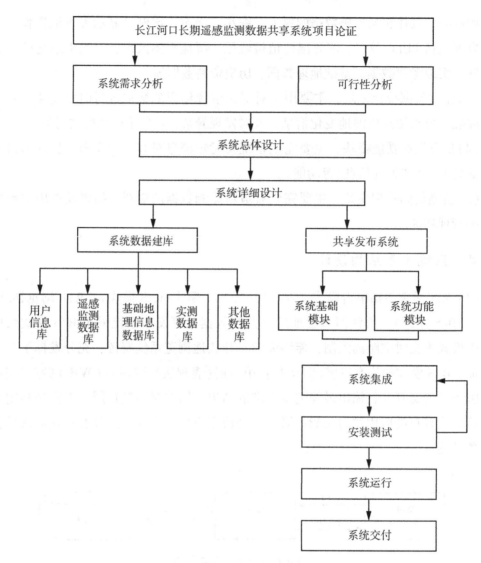

图 9-4　系统开发设计流程图

9.3　系统的详细设计

9.3.1　用户界面设计

　　用户界面设计直接影响到共享系统的形象和直观开发水平，也决定了用户是否能接受设计的系统。通常，界面设计包括菜单式、命令式、表格式和按钮式。以长江河口湿地遥感监测数据共享发布系统的登录界面为例（图 9-5），该界面采取按钮式和表格式相结合的方式设计，登录人员需要输入用户名、密码和验证码等信息才能够登录系统。在该登录界面，为了强化系统的安全性，不但有系统密码验证功能设计，还设计了随机验证码，只有二者都符合才能够登录系统。

图 9-5　长江河口湿地遥感监测数据共享发布系统登录界面

9.3.2　数据库设计

针对用户信息数据、遥感影像数据、遥感监测解译(专题产品)等多源、多模态的数据特点，本节重点描述这些数据库中的数据结构表。

1. 用户数据库信息表

用户数据库包括系统里面不同权限级别的用户信息，主要包括用户的姓名、单位、电话号码、登录账号和密码、用户等级、用户类型等信息。用户数据库主要存放在用户信息表、用户等级、用户位置信息表等。以用户信息表为例，它存储每个用户的用户名(账号)、密码、姓名、性别、联系方式等(表 9-1)。

表 9-1　用户数据库信息表

用户信息	数据类型	长度	允许空值否	说明
User_ID	varchar	20	否	用户名
User_NO	varchar	20	否	编号
User_PWD	varchar	20	否	密码
User_Name	varchar	8	否	姓名
User_Sex	varchar	2	否	性别
User_Phone	varchar	15	否	电话
User_Email	varchar	20	否	邮箱

2. 遥感影像数据库信息表

遥感影像数据是长江河口湿地遥感监测数据共享发布系统的基础数据之一，根据研究需求，影像数据库尽量搜集多源多时相的动态实时数据，所有数据经过标准化处理后，由数据库存储管理，并构建关系数据表，记录相应的遥感监测数据信息，包括成像时间、入库时间、影像分辨率等。遥感影像数据库信息表包含的信息如表9-2所示。

表 9-2　遥感影像数据库信息表

列　　名	数据类型	长度	允许空值否	说　　明
Image_ID	varchar	50	否	唯一标识符
Image_Name	varchar	60	否	名称
Image_Type	varchar	15	否	类型
Image_Date	varchar	20	否	成像时间
Image_Band	integer	4	否	波段数
Image_Solution	integer	4	否	空间分辨率
Image_Time	varchar	30	否	入库时间
Image_Remark	varchar	80	是	备注

3. 遥感监测解译（专题产品）数据库信息表

遥感监测解译数据库也称专题产品数据库，主要包括原始影像解译的遥感监测产品，主要由矢量数据构成，其关系表如表9-3所示，包括数据目录节点ID、数据名称、比例尺、成像时间、中心经纬度、数据格式、原始数据获取时间、数据描述等。

表 9-3　专题产品数据库信息表

列　　名	数据类型	长度	允许空值否	说　　明
PRO_ID	varchar	12	否	数据目录节点 ID
PRO_Name	varchar	50	否	数据名称
PRO_Scale	Number	10	否	比例尺
PRO_Date	varchar	20	否	成像时间
PRO_Center	varchar	50	否	中心经纬度

列　名	数据类型	长度	允许空值否	说　明
PRO_ Format	varchar	300	否	数据格式
PRO_Time	varchar	30	否	原始数据获取时间
PRO_Describe	varchar	200	否	数据描述

4. 实地验证点数据库信息表

实地验证点数据库设计主要记录实地考察 GPS 数据的基本情况，包括验证点的编号、名称、经纬度信息、验证点采样时间等，实地验证点信息数据库表如表9-4 所示。

表 9-4　实地验证点数据库信息表

列　名	数据类型	长度	允许空值否	说　明
Point_ID	integer	16	否	验证点编号
Point_Name	varchar	20	否	验证点名称
Point_Latitude	varchar	60	否	经度
Point_Longitude	varchar	60	否	纬度
Point_Date	varchar	20	否	验证点采样时间
Point_Remark	varchar	120	是	备注

5. 历史地图资料数据库信息表

历史地图资料数据库主要是历史时期不同学者、管理部门对长江河口湿地生态系统所作的地图资料，其数据信息表包括历史地图编号、历史地图名称、增加时间、备注等信息，详见表9-5。

表 9-5　历史地图资料数据库信息表

列　名	数据类型	长度	允许空值否	说　明
Map_ID	integer	16	否	历史地图编号
Map_Name	varchar	30	否	历史地图名称
Map_Addtime	varchar	20	否	增加时间
Map_Remark	varchar	120	是	备注

6. 管理数据库信息表

管理数据库信息表主要记录不同用户包括管理者对数据库系统数据的操作信息，主要包括操作日志编号、操作时间、操作日志内容等相关信息，具体详见表9-6。

表 9-6　管理数据库信息表

列　　名	数据类型	长度	允许空值否	说　　明
LOG_ID	integer	16	否	操作日志编号
LOG_ Date	varchar	20	否	操作时间
LOG_Content	varchar	100	否	操作日志内容

9.4　系统实施与测试

9.4.1　系统实施

1. 开发环境

长江河口湿地遥感监测数据共享发布系统的开发环境如下：操作系统是 Windows 10，开发语言是 Java 和 JavaScript，数据库是 PostgreSQL 数据库。系统开发过程主要涉及 Springboot 框架技术、Vue 技术、Element-UI 技术、Geoserver 技术、MyBatis-Plus 技术等。

2. 程序设计

程序设计的代码较多，这里仅以用户登录的程序代码作为示范。用户登录的程序代码如下：

```
<template>
  <div class="login">
    <el-form ref="loginForm" :model="loginForm" :rules="loginRules" class="login-form">
      <h3 class="title">长江河口湿地遥感监测数据共享发布系统</h3>
      <el-form-item prop="username">
        <el-input
```

```
        v-model = " loginForm. username"
        type = " text"
        auto-complete = " off"
        placeholder = " 账号"
      >
        <svg-icon slot = " prefix" icon-class = " user" class = " el-input__icon input-
icon" />
      </el-input>
    </el-form-item>
    <el-form-item prop = " password" >
      <el-input
        v-model = " loginForm. password"
        type = " password"
        auto-complete = " off"
        placeholder = " 密码"
        @ keyup. enter. native = " handleLogin"
      >
        <svg-icon slot = " prefix" icon-class = " password" class = " el-input__icon
input-icon" />
      </el-input>
    </el-form-item>
    <el-form-item prop = " code" v-if = " captchaEnabled" >
      <el-input
        v-model = " loginForm. code"
        auto-complete = " off"
        placeholder = " 验证码"
        style = " width：63%"
        @ keyup. enter. native = " handleLogin"
      >
        <svg-icon slot = " prefix" icon-class = " validCode" class = " el-input__icon
input-icon" />
      </el-input>
      <div class = " login-code" >
        <img :src = " codeUrl" @ click = " getCode" class = " login-code-img"/>
```

```
        </div>
      </el-form-item>
      <el-checkbox v-model="loginForm.rememberMe" style="margin:0px 0px 25px
0px;">记住密码</el-checkbox>
      <el-form-item style="width:100%;">
        <el-button
          :loading="loading"
          size="medium"
          type="primary"
          style="width:100%;"
          @click.native.prevent="handleLogin"
        >
          <span v-if="!loading">登 录</span>
          <span v-else>登 录 中...</span>
        </el-button>
        <div style="float:right;" v-if="register">
          <router-link class="link-type" :to="'/register'">立即注册</router-link>
        </div>
      </el-form-item>
    </el-form>
    <!--底部 -->
    <div class="el-login-footer">
      <span>Copyright ©1956-2024 East China University of Technology.</span>
    </div>
  </div>
</template>

<script>
import { getCodeImg } from "@/api/login";
import Cookies from "js-cookie";
import { encrypt,decrypt } from '@/utils/jsencrypt'

export default {
  name: "Login",
```

```
data() {
    return {
        codeUrl: "",
        loginForm: {
            username: "admin",
            password: "admin123",
            rememberMe: false,
            code: "",
            uuid: ""
        },
        loginRules: {
            username: [
                { required: true,trigger: "blur",message: "请输入您的账号" }
            ],
            password: [
                { required: true,trigger: "blur",message: "请输入您的密码" }
            ],
            code: [{ required: true,trigger: "change",message: "请输入验证码" }]
        },
        loading: false,
        //验证码开关
        captchaEnabled: true,
        //注册开关
        register: false,
        redirect: undefined
    };
},
watch: {
    $route: {
        handler: function(route) {
            this.redirect = route.query && route.query.redirect;
        },
        immediate: true
    }
```

```
      },
    created() {
      this. getCode();
      this. getCookie();
    },
    methods: {
      getCode() {
        getCodeImg(). then( res => {
          this. captchaEnabled = res. captchaEnabled === undefined ? true :
res. captchaEnabled;
          if ( this. captchaEnabled) {
            this. codeUrl = "data:image/gif;base64," + res. img;
            this. loginForm. uuid = res. uuid;
          }
        });
      },
      getCookie() {
        const username = Cookies. get("username");
        const password = Cookies. get("password");
        const rememberMe = Cookies. get('rememberMe')
        this. loginForm = {
          username: username === undefined ? this. loginForm. username : username,
          password: password === undefined ? this. loginForm. password : decrypt
(password),
          rememberMe: rememberMe === undefined ? false : Boolean(rememberMe)
        };
      },
      handleLogin() {
        this. $ refs. loginForm. validate( valid => {
          if ( valid) {
            this. loading = true;
            if ( this. loginForm. rememberMe) {
              Cookies. set("username",this. loginForm. username,{ expires: 30 });
```

```
                Cookies. set ( "password" , encrypt ( this. loginForm. password ) , { expires:
30 } ) ;
                    Cookies. set ( ´rememberMe´, this. loginForm. rememberMe, { expires:
30 } ) ;
              } else {
              Cookies. remove ( "username" ) ;
              Cookies. remove ( "password" ) ;
              Cookies. remove ( ´rememberMe´) ;
            }
          this. $ store. dispatch ( "Login" , this. loginForm ). then ( ( ) = > {
          this. $ router. push ( { path: this. redirect || "/" } ). catch ( ( )= >{ } ) ;
          } ). catch ( ( ) = > {
          this. loading = false;
          if ( this. captchaEnabled ) {
            this. getCode ( ) ;
          }
        } ) ;
      }
    } ) ;
    }
  }
} ;
</script>

<style rel = "stylesheet/scss" lang = "scss" >
. login {
  display: flex;
  justify-content: center;
  align-items: center;
  height: 100%;
  background-image: url( "../assets/images/login-background. jpg" ) ;
  background-size: cover;
}
```

```
.title {
  margin: 0px auto 30px auto;
  text-align: center;
  color: #707070;
}


.login-form {
  border-radius: 6px;
  background: #ffffff;
  width: 400px;
  padding: 25px 25px 5px 25px;
  .el-input {
    height: 38px;
    input {
      height: 38px;
    }
  }
  .input-icon {
    height: 39px;
    width: 14px;
    margin-left: 2px;
  }
}
.login-tip {
  font-size: 13px;
  text-align: center;
  color: #bfbfbf;
}
.login-code {
  width: 33%;
  height: 38px;
  float: right;
  img {
```

```
        cursor：pointer；
        vertical-align：middle；
      }
    }
  . el-login-footer {
      height：40px；
      line-height：40px；
      position：fixed；
      bottom：0；
      width：100%；
      text-align：center；
      color：#fff；
      font-family：Arial；
      font-size：12px；
      letter-spacing：1px；
  }
  . login-code-img {
      height：38px；
  }
  </style>
```

9.4.2　实例测试

下面展示系统的一些典型的共享、查询与可视化的功能。

1. 历史资料数据显示

在开发的系统中，对于历史资料数据，提供矢量数据等形式的加载形式。如图9-6所示，用户可以选择所要查询的历史资料数据，通过下拉菜单，完成对所需年份历史资料的显示。

2. 原始影像数据查询与显示

对于原始未解译的遥感影像查询中，用户可以通过下拉菜单获取相应日期的遥感影像数据是否存在，客户可以查看相应的详细信息。如图9-7所示，原始的遥感数据显示，是将栅格数据拉伸到0~255，显示未灰色单波段数据功能，相关功能还需要进一步研究开发，以实现原始数据的真彩色或者假彩色显示。

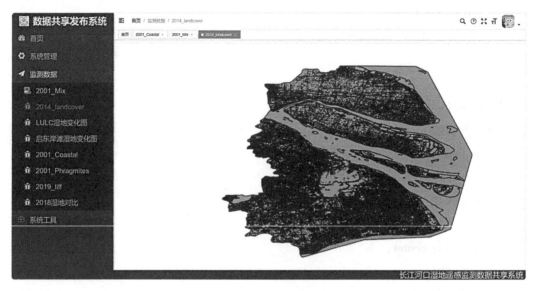

图 9-6 长江河口历史资料数据显示结果

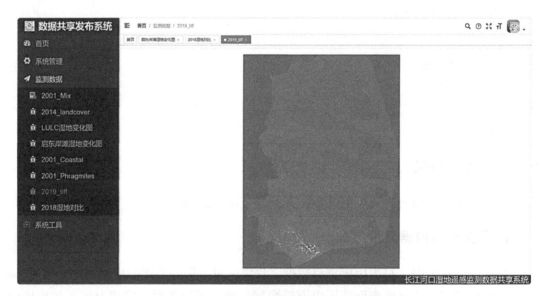

图 9-7 长江河口遥感影像数据显示与查询结果

3. 湿地 LULC 解译数据共享、查询与显示

为了能够清晰地查看湿地 LULC 原始数据与最终解译结果，本系统开发以图片的形式展示每一年的显示结果。如图 9-8 所示，在系统中可以查询 1985—2020 年所有年份的长江河口湿地 LULC 解译情况，并根据需求下载需要的相关数据。

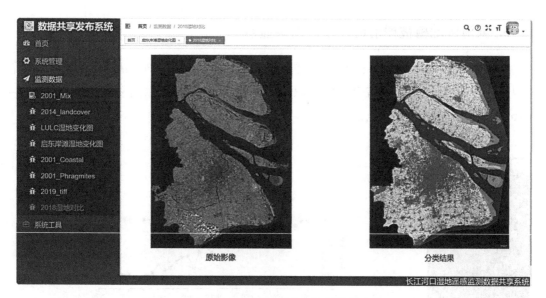

图 9-8　长江河口湿地原始影像与解译影像查询显示

4. 湿地 LULC 解译统计结果显示

系统以统计表的形式显长江河口湿地 LULC 解译的结果。如图 9-9 所示，该模块主要是发布遥感监测的 LULC 定量结果，不仅可以显示统计图，还可以显示对应的解译结果的矢量数据。

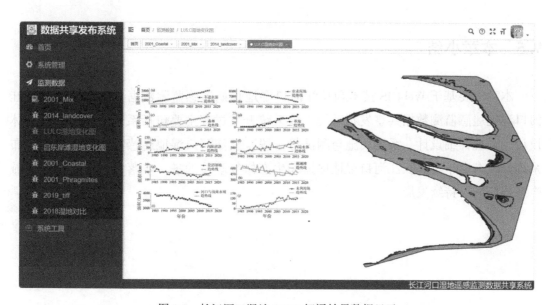

图 9-9　长江河口湿地 LULC 解译结果数据显示

5. 滨海湿地植被群落遥感统计结果显示

将长江河口滨海湿地植被群落遥感监测结果数据存储到 PostgreSQL 数据库之后，可以根据需要显示其统计结果，也可以显示其矢量的可视化。图 9-10 显示了 1985—2016 年启东岸滩的滨海湿地植被长时序变化特征与趋势。

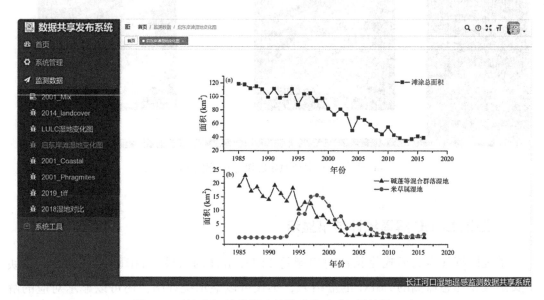

图 9-10　长江河口滨海湿地植被群落遥感解译结果显示

9.5　本章小结

本章主要基于 WebGIS 技术和长江河口湿地长期遥感监测数据设计，开发了长江河口湿地遥感监测数据共享发布系统。该系统开发过程主要包括系统分析、系统总体设计、系统详细设计、系统实施与测试等阶段。长江河口湿地遥感监测数据共享发布系统开发有助于实现长江河口湿地保护和生态修复政策的进一步落实，也有助于区域生态环境的可持续发展。

附　　录

附表 1　用于长江河口滨海湿地植被群落制图的 Landsat 数据及其质量特征统计

ID	云量	日期	质量	产品
LT51180381984114HAJ00	0%	1984-04-23	9	TM L1T
LT51180381985052HAJ00	9%	1985-02-21	9	TM L1T
LT51180381985196HAJ00	38%	1985-07-15	9	TM L1T
LT51180381985324HAJ00	0%	1985-11-20	9	TM L1T
LT51180381986135HAJ00	0%	1986-05-15	9	TM L1T
LT51180381986231HAJ00	0%	1986-08-19	9	TM L1T
LT51180381987138HAJ01	0%	1987-05-18	9	TM L1T
LT51180391987154HAJ00	15%	1987-06-03	9	TM L1T
LT51180381987362HAJ00	0%	1987-12-28	9	TM L1T
LT51180381988013HAJ00	17%	1988-01-13	9	TM L1T
LT51180381988189HAJ00	0%	1988-07-07	9	TM L1T
LT51180381989223HAJ01	0%	1989-08-11	9	TM L1T
LT51180381989303HAJ00	0%	1989-10-30	9	TM L1T
LT51180381990130HAJ00	1%	1990-05-10	9	TM L1T
LT51180381990146BJC00	0%	1990-05-26	9	TM L1T
LT51180381990226HAJ00	23%	1990-08-14	9	TM L1T
LT51180381990338HAJ00	1%	1990-12-04	9	TM L1T
LT51180381991053HAJ00	10%	1991-02-22	9	TM L1T
LT51180381991133HAJ00	3%	1991-05-13	9	TM L1T
LT51180381991197BJC01	27%	1991-07-16	9	TM L1G
LT51180381991293BJC00	0%	1991-10-20	9	TM L1T
LT51180381992104HAJ00	1%	1992-04-13	9	TM L1T
LT51180381992248HAJ00	0%	1992-09-04	9	TM L1T
LT51180381993090HAJ00	0%	1993-03-31	9	TM L1T

ID	云量	日期	质量	产品
LT51180381993154HAJ01	0%	1993-06-03	9	TM L1T
LT51180381993330HAJ00	28%	1993-11-26	9	TM L1T
LT51180381994125BJC00	0%	1994-05-05	9	TM L1T
LT51180381994253BJC00	24%	1994-09-10	9	TM L1T
LT51180381994269HAJ00	34%	1994-09-26	9	TM L1T
LT51180381994333BJC00	42%	1994-11-29	9	TM L1T
LT51180381995128HAJ00	1%	1995-05-08	9	TM L1T
LT51180381995224HAJ00	0%	1995-08-12	9	TM L1T
LT51180381995320CLT00	0%	1995-11-16	9	TM L1T
LT51180381996115HAJ00	0%	1996-04-24	9	TM L1T
LT51180381996131HAJ00	45%	1996-05-10	9	TM L1T
LT51180381996227HAJ01	25%	1996-08-14	9	TM L1T
LT51180381996323BJC02	19%	1996-11-18	9	TM L1T
LT51180381997101BJC00	0%	1997-04-11	7	TM L1T
LT51180381997261HAJ00	11%	1997-09-18	9	TM L1T
LT51180381997293BJC00	1%	1997-10-20	9	TM L1T
LT51180381998104HAJ00	7%	1998-04-14	9	TM L1T
LT51180381998216HAJ00	0%	1998-08-04	9	TM L1T
LT51180381998312HAJ00	5%	1998-11-08	9	TM L1T
LT51180381999091HAJ00	0%	1999-04-01	9	TM L1T
LT51180381999267HAJ00	5%	1999-09-24	9	TM L1T
LE71180381999307SGS00	0%	1999-11-03	9	ETM+L1T
LT51180382000046BJC00	10%	2000-02-15	9	TM L1T
LE71180382000086SGS00	0%	2000-03-26	9	ETM+L1T
LE71180382000118EDC00	0%	2000-04-27	9	ETM+L1T
LT51180382000142BJC00	0%	2000-05-21	9	TM L1T
LE71180382000166SGS00	0%	2000-06-14	9	ETM+L1T
LE71180382000214SGS00	0%	2000-08-01	9	ETM+L1T
LE71180382000246EDC00	0%	2000-09-02	9	ETM+L1T
LE71180382000262HIJ00	0%	2000-09-18	9	ETM+L1T
LE71180382000278EDC00	0%	2000-10-04	9	ETM+L1T

ID	云量	日期	质量	产品
LE71180382000310EDC01	5%	2000-11-05	9	ETM+L1T
LT51180382000366BJC00	32%	2000-12-31	9	TM L1T
LT51180382001080BJC00	0%	2001-03-21	9	TM L1T
LE71180382001136EDC00	20%	2001-05-16	9	ETM+L1T
LT51180382001144BJC00	11%	2001-05-24	9	TM L1T
LE71180382001184EDC00	0%	2001-07-03	9	ETM+L1T
LT51180382001320BJC00	0%	2001-11-16	9	TM L1T
LT51180382002067BJC00	0%	2002-03-08	9	TM L1T
LT51180382002211BJC00	0%	2002-07-30	7	TM L1T
LE71180382002315HAJ01	0%	2002-11-11	9	ETM+L1T
LT51180382003166BJC00	37%	2003-06-15	7	TM L1T
LT51180382003214BJC00	1%	2003-08-02	7	TM L1T
LE71180382003302HIJ00	0%	2003-10-29	9	ETM+L1T
LE71180382004145EDC01	34%	2004-05-24	9	ETM+L1T
LT51180382004153BJC00	6%	2004-06-01	7	TM L1T
LT51180382004201BJC00	0%	2004-07-19	7	TM L1T
LT51180382004329BJC00	22%	2004-11-24	7	TM L1T
LE71180382005131EDC00	8%	2005-05-11	9	ETM+L1T
LE71180382005163PFS00	0%	2005-06-12	9	ETM+L1T
LT51180382005331BJC00	0%	2005-11-27	7	TM L1T
LT51180382006110BJC00	0%	2006-04-20	7	TM L1T
LE71180382006118EDC00	33%	2006-04-28	9	ETM+L1T
LE71180382006214EDC00	13%	2006-08-02	9	ETM+L1T
LE71180382006310EDC00	16%	2006-11-06	9	ETM+L1T
LT51180382007097BJC00	0%	2007-04-07	7	TM L1T
LE71180382007137EDC00	1%	2007-05-17	9	ETM+L1T
LT51180382007209BJC00	0%	2007-07-28	7	TM L1T
LE71180382007313EDC00	5%	2007-11-09	9	ETM+L1T
LE71180382007329EDC00	26%	2007-11-25	9	ETM+L1T
LT51180382008132BJC00	0%	2008-05-11	7	TM L1T
LE71180382008188EDC00	0%	2008-07-06	9	ETM+L1T

ID	云量	日期	质量	产品
LT51180382008324BJC00	27%	2008-11-19	7	TM L1T
LT51180382009118BJC00	0%	2009-04-28	7	TM L1T
LT51180382009262BJC00	0%	2009-09-19	7	TM L1T
LE71180382010145EDC00	0%	2010-05-25	9	ETM+L1T
LE71180382010337EDC00	0%	2010-12-03	9	ETM+L1T
LE71180382011116EDC00	0%	2011-04-26	9	ETM+L1T
LT51180382011140BJC00	14%	2011-05-20	7	TM L1T
LT51180382011204BJC00	3%	2011-07-23	7	TM L1T
LT51180382011220BJC00	12%	2011-08-08	7	TM L1T
9 LE71180382012119EDC00	28%	2012-04-28	9	ETM+L1T
LE71180382012311EDC00	29%	2012-11-06	9	ETM+L1T
LC81180382013145LGN00	13%	2013-05-25	9	OLI TIRS L1T
LC81180382013241LGN00	2%	2013-08-29	9	OLI TIRS L1T
LC81180382013321LGN00	9%	2013-11-17	9	OLI TIRS L1T
LC81180382014148LGN00	12%	2014-05-28	9	OLI TIRS L1T
LC81180382014212LGN00	12%	2014-07-31	9	OLI TIRS L1T
LC81180382014308LGN00	9%	2014-11-04	9	OLI TIRS L1T
LC81180382015071LGN00	2%	2015-03-12	9	OLI TIRS L1T
LE71180382015127EDC01	24%	2015-05-07	9	ETM+L1T
LC81180382015215LGN00	0%	2015-08-03	9	OLI TIRS L1T
LC81180382016138LGN00	9%	2016-05-17	9	OLI TIRS L1T
LC81180382016202LGN00	6%	2016-07-20	9	OLI TIRS L1T
LE71180382016338EDC00	7%	2016-12-03	9	ETM+L1T
LT51180391984114HAJ00	0%	1984-04-23	9	TM L1T
LT51180391985052HAJ00	35%	1985-02-21	9	TM L1T
LT51180391985196HAJ00	5%	1985-07-15	9	TM L1T
LT51180391985324HAJ00	0%	1985-11-20	9	TM L1T
LT51180381990194HAJ00	4%	1990-07-13	9	TM L1T
LT51180391986231HAJ00	0%	1986-08-19	9	TM L1T
LT51180391987138HAJ01	0%	1987-05-18	9	TM L1T
LT51180391987330HAJ00	34%	1987-11-26	9	TM L1T

ID	云量	日期	质量	产品
LT51180391987362HAJ00	10%	1987-12-28	9	TM L1T
LT51180391988013HAJ00	0%	1988-01-13	9	TM L1T
LT51180391988189HAJ00	0%	1988-07-07	9	TM L1T
LT51180391989223HAJ01	3%	1989-08-11	9	TM L1T
LT51180391989303HAJ00	0%	1989-10-30	9	TM L1T
LT51180391990162HAJ00	0%	1990-06-11	9	TM L1T
LT51180391990130HAJ00	0%	1990-05-10	9	TM L1T
LT51180391990226HAJ00	0%	1990-08-14	9	TM L1T
LT51180391990338HAJ00	0%	1990-12-04	9	TM L1T
LT51180391991053HAJ00	0%	1991-02-22	9	TM L1T
LT51180391991197HAJ00	13%	1991-07-16	9	TM L1T
LT51180391991293BJC00	8%	1991-10-20	9	TM L1T
LT51180391992104HAJ00	10%	1992-04-13	9	TM L1T
LT51180391992296HAJ00	30%	1992-10-22	9	TM L1T
LT51180391993090HAJ00	0%	1993-03-31	9	TM L1T
LT51180391993154HAJ01	0%	1993-06-03	9	TM L1T
LT51180391993330HAJ00	35%	1993-11-26	9	TM L1T
LT51180391994125BJC00	0%	1994-05-05	9	TM L1T
LT51180391994253BJC00	30%	1994-09-10	9	TM L1T
LT51180391994269HAJ00	26%	1994-09-26	9	TM L1T
LT51180391994301HAJ00	37%	1994-10-28	9	TM L1T
LT51180391995128HAJ00	1%	1995-05-08	9	TM L1T
LT51180391995224HAJ00	0%	1995-8-12	9	TM L1T
LT51180391995320CLT00	27%	1995-11-16	9	TM L1T
LT51180391996115HAJ01	0%	1996-04-24	9	TM L1T
LT51180381997165HAJ00	17%	1997-06-14	9	TM L1T
LT51180391996227CLT00	43%	1996-08-14	9	TM L1T
LT51180391996323CLT00	28%	1996-11-18	9	TM L1T
LT51180391997101BJC00	0%	1997-04-11	7	TM L1T
LT51180391997261HAJ00	8%	1997-09-18	9	TM L1T
LT51180391997293BJC00	0%	1997-10-20	7	TM L1T

ID	云量	日期	质量	产品
LT51180391998104HAJ00	44%	1998-04-14	9	TM L1T
LT51180391998216HAJ00	16%	1998-08-04	9	TM L1T
LT51180391998312HAJ00	10%	1998-11-08	9	TM L1T
LT51180391999091HAJ00	0%	1999-04-01	9	TM L1T
LT51180391999267BJC01	7%	1999-09-24	7	TM L1T
LE71180391999307SGS00	0%	1999-11-03	9	ETM+L1T
LT51180392000046BJC00	23%	2000-02-15	9	TM L1T
LE71180392000086SGS00	0%	2000-03-26	9	ETM+L1T
LE71180392000118EDC00	1%	2000-04-27	9	ETM+L1T
LT51180392000142BJC00	11%	2000-05-21	9	TM L1T
LE71180392000166SGS00	0%	2000-06-14	9	ETM+L1T
LE71180392000214SGS00	2%	2000-08-01	9	ETM+L1T
LE71180392000246EDC00	6%	2000-09-02	9	ETM+L1T
LE71180392000262HIJ00	0%	2000-09-18	9	ETM+L1T
LE71180392000278HAJ01	27%	2000-10-04	9	ETM+L1T
LE71180392000310EDC01	15%	2000-11-05	9	ETM+L1T
LT51180392000366BJC00	34%	2000-12-31	9	TM L1T
LT51180392001080BJC00	0%	2001-03-21	9	TM L1T
LE71180392001152EDC00	54%	2001-06-01	9	ETM+L1T
LT51180392001144BJC00	1%	2001-05-24	9	TM L1T
LE71180392001184EDC00	1%	2001-07-03	9	ETM+L1T
LT51180392001320BJC00	0%	2001-11-16	9	TM L1T
LT51180392002067BJC00	0%	2002-03-08	9	TM L1T
LT51180392002211BJC00	11%	2002-07-30	7	TM L1T
LE71180392002315SGS00	0%	2002-11-11	9	ETM+L1T
LE71180392003126EDC00	19%	2003-05-06	9	ETM+L1T
LT51180392003214BJC00	0%	2003-08-02	7	TM L1T
LE71180392003302HIJ00	0%	2003-10-29	9	ETM+L1T
LT51180392003326BJC00	18%	2003-11-22	7	TM L1T
LE71180382004161EDC01	2%	2004-06-09	9	ETM+L1T
LT51180392004201BJC00	14%	2004-07-19	7	TM L1T

ID	云量	日期	质量	产品
LT51180392004329BJC00	23%	2004-11-24	9	TM L1T
LE71180392005131EDC00	15%	2005-05-11	9	ETM+L1T
LE71180392005163PFS00	44%	2005-06-12	9	ETM+L1T
LT51180392005331BJC00	0%	2005-11-27	7	TM L1T
LT51180392006110BJC00	0%	2006-04-20	7	TM L1T
LE71180382006134EDC00	48%	2006-05-14	9	ETM+L1T
LE71180392006214EDC00	17%	2006-08-02	9	ETM+L1T
LE71180392006310EDC00	25%	2006-11-06	9	ETM+L1T
LT51180392007097BJC00	0%	2007-04-07	7	TM L1T
LE71180392007137EDC00	2%	2007-05-17	9	ETM+L1T
LT51180392007209BJC00	0%	2007-07-28	7	TM L1T
LE71180392007313EDC00	16%	2007-11-09	9	ETM+L1T
LE71180392007329EDC00	25%	2007-11-25	9	ETM+L1T
LT51180392008132BJC00	9%	2008-05-11	7	TM L1T
LE71180392008188EDC00	0%	2008-07-06	9	ETM+L1T
LT51180392008324BJC00	44%	2008-11-19	7	TM L1T
LT51180392009118BJC00	0%	2009-04-28	7	TM L1T
LT51180392009262BJC00	16%	2009-09-19	7	TM L1T
LE71180392010145EDC00	1%	2010-05-25	9	ETM+L1T
LE71180392010337EDC00	0%	2010-12-03	9	ETM+L1T
LT51180392011108BJC00	0%	2011-04-18	7	TM L1T
LT51180392011140BJC00	0%	2011-05-20	7	TM L1T
LT51180392011204BJC00	36%	2011-07-23	7	TM L1T
LT51180392011220BJC00	32%	2011-08-08	7	TM L1T
LE71180392012119EDC00	43%	2012-04-28	9	ETM+L1T
LE71180392012311EDC00	1%	2012-11-06	9	ETM+L1T
LC81180392013145LGN00	9%	2013-05-25	9	OLI TIRS L1T
LC81180392013241LGN00	2%	2013-08-29	9	OLI TIRS L1T
LC81180392013321LGN00	11%	2013-11-17	9	OLI TIRS L1T
LC81180392014148LGN00	7%	2014-05-28	9	OLI TIRS L1T
LC81180392014212LGN00	32%	2014-07-31	9	OLI TIRS L1T

续表

ID	云量	日期	质量	产品
LC81180392014308LGN00	9%	2014-11-04	9	OLI TIRS L1T
LC81180392015071LGN00	3%	2015-03-12	9	OLI TIRS L1T
LE71180392015127EDC01	9%	2015-05-07	9	ETM+L1T
LC81180392015215LGN00	0%	2015-08-03	9	OLI TIRS L1T
LC81180392016138LGN00	6%	2016-05-17	9	OLI TIRS L1T
LC81180392016202LGN00	1%	2016-07-20	9	OLI TIRS L1T
LE71180392016338EDC00	2%	2016-12-03	9	ETM+L1T

参 考 文 献

艾金泉. 基于时间序列多源遥感数据的长江河口湿地生态系统长期演变过程与机制研究[D]. 上海：华东师范大学，2018.

艾金泉. 闽江河口盐沼植被遥感识别与制图[D]. 福州：福建师范大学，2014.

白军红，欧阳华，杨志锋，等. 湿地景观格局变化研究进展[J]. 地理科学进展，2005(4)：36-45.

操文颖，李红清，李迎喜. 长江口湿地生态环境保护研究[J]. 人民长江，2008，39(23)：43-45.

陈建伟，黄桂林. 中国湿地分类系统及其划分指标的探讨[J]. 林业资源管理，1995(5)：65-71.

陈晋，陈云浩，何春阳，等. 基于土地覆盖分类的植被覆盖率估算亚像元模型与应用[J]. 遥感学报，2001(6)：416-422.

陈琳，任春颖，王灿，等. 6个时期黄河三角洲滨海湿地动态研究[J]. 湿地科学，2017，15(2)：179-186.

陈梦熊. 关于海平面上升及其环境效应[J]. 地学前缘，1996，3(2)：133-140.

陈明星，陆大道，刘慧. 中国城市化与经济发展水平关系的省际格局[J]. 地理学报，2010，65(12)：1443-1453.

陈炜，陈利军，陈军，等. GlobeLand30 湿地细化分类研究[J]. 测绘通报，2017(10)：22-28.

陈云浩，冯通，史培均，等. 基于面向对象和规则的遥感影像分类研究[J]. 武汉大学学报(信息科学版)，2006，31(4)：216-320.

程敏，张丽云，欧阳志云. 三个时期河北省滨海湿地景观格局及变化[J]. 湿地科学，2017，15(6)：824-828.

崔利芳，王宁，葛振鸣，等. 海平面上升影响下长江口滨海湿地脆弱性评价 [J]. 应用生态学报，2014，25 (2)：553-561.

付为国. 镇江内江湿地植物群落演替规律及植被修复策略[D]. 南京：南京农业大学，2006.

傅伯杰，于丹丹. 生态系统服务权衡与集成方法[J]. 资源科学，2016，38（1）：1-9.

傅伯杰，张立伟. 土地利用变化与生态系统服务：概念、方法与进展[J]. 地理科学进展，2014，33（4）：441-446.

高常军，周德民，栾兆擎，等. 湿地景观格局演变研究评述[J]. 长江流域资源与环境，2010，19（4）：460-464.

高宇，章龙珍，张婷婷，等. 长江口湿地保护与管理现状、存在的问题及解决的途径[J]. 湿地科学，2017，15（2）：302-308.

高占国. 长江口盐沼植被的光谱特征研究[D]. 上海：华东师范大学，2006.

葛振鸣，周晓，王开运，等. 长江河口典型湿地碳库动态研究方法[J]. 生态学报，2010，30（4）：1097-1108.

顾今. 上海近海与海岸湿地保护走在全国前列[N]. 建筑时报，2015-03-26（008）.

关道明. 中国滨海湿地［M］. 北京：海洋出版社，2012：93-117.

关道明. 中国滨海湿地米草盐沼生态系统与管理［M］. 北京：海洋出版社，2009.

管玉娟，张利权. 影像融合技术在滩涂湿地植被分类中的应用[J]. 海洋环境科学，2008（6）：647-652.

郭海强. 长江河口湿地碳通量的地面监测及遥感模拟研究[D]. 上海：复旦大学，2010.

韩晓庆，苏艺，李静，等. 海岸带地区 SPOT 卫星影像大气校正方法比较及精度验证[J]. 地理研究，2012，31（11）：2007-2016.

胡家文，姚维志. 养殖水体富营养化及其防治[J]. 水利渔业，2005（6）：74-76.

黄博强，黄金良，李讯，等. 基于 GIS 和 INVEST 模型的海岸带生态系统服务价值时空动态变化分析——以龙海市为例［J］. 海洋环境科学，2015，34（6）：916-923

黄成，张健美. 长江口北支湿地资源和环境现状调查[J]. 环境监测管理与技术，2003（1）：24-26.

黄华梅，张利权，高占国. 上海滩涂植被资源遥感分析[J]. 生态学报，2005（10）：2686-2693.

黄华梅. 上海滩涂盐沼植被的分布格局和时空动态研究[D]. 上海：华东师范大学，2009.

黄曼. 上海市水产养殖业的演变及现状分析［J］. 经济师，2011（1）：219-220.

贾坤，李强子，田亦陈，等. 遥感影像分类方法研究进展[J]. 光谱学与光谱分析，2011，31（10）：2618-2623.

蒋锦刚，李爱农，边金虎，等. 1974—2007 年若尔盖县湿地变化研究[J]. 湿地科学，2012，10（3）：318-326.

孔凡亭，郗敏，李悦，等. 基于 RS 和 GIS 技术的湿地景观格局变化研究进展［J］.
应用生态学报，2013，24（4）：941-946.

李春干. 面向对象的遥感图像森林分类研究与应用［M］. 北京：中国林业出版
社，2009.

李俊祥，王玉洁，沈晓虹，等. 上海市城乡梯度景观格局分析［J］. 生态学报，
2004（9）：1973-1980.

李利红，张华国，史爱琴，等. 基于 RS/GIS 的西门岛海洋特别保护区滩涂湿地景
观格局变化分析［J］. 遥感技术与应用，2013，28（1）：129-136.

李明，杨世伦，李鹏，等. 长江来沙锐减与海岸滩涂资源的危机［J］. 地理学报，
2006，61（3）：282-288.

李双成，王珏，朱文博，等. 基于空间与区域视角的生态系统服务地理学框
架［J］. 地理学报，2014，69（11）：1628-1639.

李希之. 长江口滩涂湿地植被变化模拟及其生态效应［D］. 上海：华东师范大
学，2015.

刘迪. 湿地变化遥感诊断——以内蒙古鄂尔多斯遗鸥国家级自然保护区为例［D］.
北京：中国科学院大学（中国科学院遥感与数字地球研究所），2017.

刘红玉，林振山，王文卿. 湿地资源研究进展与发展方向［J］. 自然资源学报，
2009，24（12）：2204-2212.

刘红玉，吕宪国. 三江平原湿地景观生态制图分类系统研究［J］. 地理科学，1999
（5）：432-436.

刘吉平，董春月，盛连喜，等. 1955—2010 年小三江平原沼泽湿地景观格局变化
及其对人为干扰的响应［J］. 地理科学，2016，36（6）：879-887.

刘婷，刘兴土，杜嘉，等. 五个时期辽河三角洲滨海湿地格局及变化研究［J］. 湿
地科学，2017，15（4）：622-628.

刘伟乐，林辉，孙华. 基于 GF-1 遥感影像湿地变化信息检测算法分析［J］. 中南林
业科技大学学报，2015，35（11）：16-20.

刘钰. 九段沙植被分布区碳汇功能评估［D］. 上海：华东师范大学，2013.

陆颖. 基于过程模型的湿地碳源/汇动态估算［D］. 上海：华东师范大学，2014.

马涛，陈家宽. 长江河口湿地保护与可持续利用［J］. 园林，2008（11）：12-14.

孟焕，王琳，张仲胜，等. 气候变化对中国内陆湿地空间分布和主要生态功能的
影响研究［J］. 湿地科学，2016，14（5）：710-716.

牟晓杰，刘兴土，阎百兴，等. 中国滨海湿地分类系统［J］. 湿地科学，2015，13

（1）：19-26.

倪晋仁，殷康前. 湿地综合分类研究［J］. 自然资源学报，1998，13（3）：214-221.

彭保发，石忆邵，王贺封，等. 城市热岛效应的影响机理及其作用规律——以上海市为例［J］. 地理学报，2013，68（11）：1461-1471.

彭建，胡晓旭，赵明月，等. 生态系统服务权衡研究进展：从认知到决策［J］. 地理学报，2017，72（6）：960-973.

秦大河，Stocker T，等. IPCC 第五次评估报告第一工作组报告的亮点结论［J］. 气候变化研究进展，2014，10（1）：1-6.

任琼，佟光臣，张金池. 鄱阳湖区域景观格局动态变化研究［J］. 南京林业大学学报（自然科学版），2016，40（3）：94-100.

任武，葛咏. 遥感影像亚像元制图方法研究进展综述［J］. 遥感技术与应用，2011，26（1）：33-44.

沈芳，周云轩，张杰，等. 九段沙湿地植被时空遥感监测与分析［J］. 海洋与湖沼，2006，37（6）：498-504.

沈永明. 江苏省沿海互花米草人工盐沼的分布及效益［J］. 国土与自然资源研究，2002（2）：45-47.

施雅风，朱季文，谢志仁，等. 长江三角洲及毗连地区海平面上升影响预测与防治对策［J］. 中国科学（D），2000，30（3）：225-232

宋晓林，吕宪国. 中国退化河口湿地生态恢复研究进展［J］. 湿地科学，2009，7（4）：379-384.

苏奋振. 海岸带遥感评估［M］. 北京：科学出版社，2015.

孙万龙，孙志高，田莉萍，等. 黄河三角洲潮间带不同类型湿地景观格局变化与趋势预测［J］. 生态学报，2017，37（1）：215-225.

孙永涛. 长江口北支湿地植物多样性研究［J］. 华东森林经理，2008，22（4）：26-30.

汤冬梅，樊辉，张瑶. Landsat 时序变化检测综述［J］. 地球信息科学学报，2017，19（8）：1069-1079.

唐小平，黄桂林. 中国湿地分类系统的研究［J］. 林业科学研究，2003（5）：531-539.

田波. 面向对象的滩涂湿地遥感与 GIS 应用研究［D］. 上海：华东师范大学，2008.

童春富. 河口湿地生态系统结构、功能与服务——以长江口为例［D］. 上海：华东师范大学，2004.

汪爱华，张树清，张柏. 遥感和地理信息系统技术在湿地研究中的应用［J］. 遥感技术与应用，2001，16（3）：200-204.

王莉雯，卫亚星. 湿地生态系统雷达遥感监测研究进展[J]. 地理科学进展，2011，30（9）：1107-1117.

王宁. 气候变化影响下长江口滨海湿地脆弱性评估方法研究[D]. 上海：华东师范大学，2013.

王卿，安树青，马志军，等. 入侵植物互花米草——生物学、生态学及管理 [J]. 植物分类学报，2006，44（5）：559-588

王卿. 互花草在上海崇明东滩的入侵历史、分布现状和扩张趋势的预测[J]. 长江流域资源与环境，2011，20（6）：690-696.

王毅杰，俞慎. 长江三角洲城市群区域滨海湿地利用时空变化特征[J]. 湿地科学，2012，10（2）：129-135.

王圆圆，李京. 遥感影像土地利用/覆盖分类方法研究综述[J]. 遥感信息，2004（1）：53-59.

卫建军，李新平，赵东波，等. 混合像元分离的研究进展[J]. 水土保持研究，2006（5）：103-105.

温庆可，张增祥，徐进勇，等. 环渤海滨海湿地时空格局变化遥感监测与分析[J]. 遥感学报，2011，15（1）：183-200.

吴玲玲，陆健健，童春富，等. 长江口湿地生态系统服务功能价值的评估[J]. 长江流域资源与环境，2003（5）：411-416.

吴蒙，车越，杨凯. 基于生态系统服务价值的城市土地空间优化研究——以上海市宝山区为例[J]. 资源科学，2013，35（12）：2390-2396.

吴蒙. 长三角地区土地利用变化的生态系统服务响应与可持续性情景模拟研究[J]. 上海：华东师范大学，2017.

肖翠，解雪峰，吴涛，等. 浙江西门岛湿地景观格局与人为干扰度动态变化[J]. 应用生态学报，2014，25（11）：3255-3262.

肖艳芳，周德民，赵文吉. 辐射传输模型多尺度反演植被理化参数研究进展[J]. 生态学报，2013，33（11）：3291-3297.

谢高地，鲁春霞，冷允法，等. 青藏高原生态资产的价值评估[J]. 自然资源学报，2003（2）：189-196.

谢高地，张彩霞，张雷明，等. 基于单位面积价值当量因子的生态系统服务价值化方法改进[J]. 自然资源学报，2015，30（8）：1243-1254.

谢高地，甄霖，鲁春霞，等. 一个基于专家知识的生态系统服务价值化方法[J]. 自然资源学报，2008（5）：911-919.

谢静，王宗明，毛德华，等. 基于面向对象方法和多时相 HJ-1 影像的湿地遥感分类——以完达山以北三江平原为例[J]. 湿地科学，2012，10(4)：429-438.

徐涵秋. 利用改进的归一化差异水体指数(MNDWI)提取水体信息[J]. 遥感学报，2005，9(5)：589-595.

徐丽芬，许学工，罗涛，等. 基于土地利用的生态系统服务价值当量修订方法——以渤海湾沿岸为例 [J]. 地理研究，2012，31(10)：1775-1784.

徐庆红，吴波. 两个时期福建省滨海湿地景观格局的比较[J]. 湿地科学，2014，12(6)：772-776.

许吉仁，董霁红. 1987—2010 年南四湖湿地景观格局变化及其驱动力研究[J]. 湿地科学，2013，11(4)：438-445.

闫峰，覃志豪，李茂松，等. 基于 MODIS 数据的上海市热岛效应研究[J]. 武汉大学学报(信息科学版)，2007(7)：576-580.

严格. 崇明东滩湿地盐沼植被生物量及碳储量分布研究[D]. 上海：华东师范大学，2014.

严燕儿. 基于遥感模型和地面观测的河口湿地碳通量研究[D]. 上海：复旦大学，2009.

颜春燕. 遥感提取植被生化组分信息方法与模型研究[D]. 北京：中国科学院研究生院(遥感应用研究所)，2003.

杨红，刘广平. 长江口生态系统服务功能价值评估[J]. 海洋环境科学，2008，27(6)：624-628.

杨华庭. 中国沿岸海平面上升与海岸灾害[J]. 第四纪研究，1999(5)：456-463.

杨永兴. 国际湿地科学研究的主要特点、进展与展望[J]. 地理科学进展，2002(2)：111-120.

易思，谭金凯，李梦雅，等. 长江口海平面上升预测及其对滨海湿地影响 [J]. 气候变化研究进展，2017，13(6)：598-605.

尹晓梅. 气候变化对三江平原湿地植被生产力影响模拟研究[D]. 长春：中国科学院东北地理与农业生态研究所，2013.

尹占娥，田娜，殷杰，等. 基于遥感的上海市湿地资源与生态服务价值研究[J]. 长江流域资源与环境，2015，24(6)：925-930.

臧淑英，张策，张丽娟，等. 遗传算法优化的支持向量机湿地遥感分类——以洪河国家级自然保护区为例[J]. 地理科学，2012，32(4)：434-441.

张华兵. 自然和人为影响下海滨湿地景观演变特征与机制研究[D]. 南京：南京师范大学，2013.

张建龙. 湿地公约履约指南[M]. 北京: 中国林业出版社, 2001.

张杰, 沈芳, 刘志国. 长江口潮滩湿地植被光谱分析与遥感检测[J]. 华东师范大学学报(自然科学版), 2007(4): 42-48.

张杰. 长江口潮滩植被检测及时空变化的遥感研究[D]. 上海: 华东师范大学, 2007.

张俊, 于庆国, 侯家槐. 面向对象的高分辨率影像分类与信息提取[J]. 遥感技术与应用, 2010, 25(1): 112-117.

张良培, 武辰. 多时相遥感影像变化检测的现状与展望[J]. 测绘学报, 2017, 46(10): 1447-1459.

张敏, 宫兆宁, 赵文吉, 等. 近30年来白洋淀湿地景观格局变化及其驱动机制[J]. 生态学报, 2016, 36(15): 4780-4791.

张晓龙, 李培英, 刘乐军, 等. 中国滨海湿地退化[M]. 北京: 海洋出版社, 2010.

赵文亮, 贺振, 贺俊平, 等. 基于MODIS-NDVI的河南省冬小麦产量遥感估测[J]. 地理研究, 2012, 31(12): 2310-2320.

赵英时, 等. 遥感应用分析原理与方法[M]. 北京: 科学出版社, 2003.

郑小康, 李春晖, 黄国和, 等. 流域城市化对湿地生态系统的影响研究进展[J]. 湿地科学, 2008, 6(1): 87-96.

仲启铖, 王开运, 周凯, 等. 潮间带湿地碳循环及其环境控制机制研究进展[J]. 生态环境学报, 2015, 24(1): 174-182.

曾光, 高会军, 朱刚. 近40年来山西省湿地景观格局变化分析[J]. 干旱区资源与环境, 2018, 32(1): 103-108.

周云轩, 田波, 黄颖, 等. 我国海岸带湿地生态系统退化成因及其对策[J]. 中国科学院院刊, 2016, 31(10): 1157-1166.

朱鹏, 宫鹏. 全球陆表湿地潜在分布区制图及遥感验证[J]. 中国科学: 地球科学, 2014, 44(8): 1610-1620.

Adam E, Mutanga O, Rugege D. Multispectral and hyperspectral remote sensing for identification and mapping of wetland vegetation: A review [J]. Wetlands Ecology and Management, 2010, 18(3): 281-296.

Ai J, Gao W, Gao Z, et al. Integrating pan-sharpening and classifier ensemble techniques to map an invasive plant (*Spartina alterniflora*) in an estuarine wetland using Landsat 8 imagery[J]. Journal of Applied Remote Sensing, 2016, 10(2): 026001.

Ai J, Gao W, Gao Z, et al. Phenology-based *Spartina alterniflora* mapping in coastal wetland of the Yangtze Estuary using time series of GaoFen satellite No. 1 wide field of view imagery [J]. Journal of Applied Remote Sensing, 2017, 11(2): 026020.

Ai J, Gao W, Shi R, et al. In situ hyperspectral data analysis for canopy chlorophyll content estimation of an invasive species *Spartina alterniflora* based on PROSAIL canopy radiative transfer model [C]//Remote Sensing and Modeling of Ecosystems for Sustainability XII, International Society for Optics and Photonics. 2015: 961007.

Ai J, Gao Z, Zhang C, et al. Estimating reclamation-induced carbon loss in coastal wetlands using time series GF-1 WFV data: A case study in the Yangtze Estuary[C]//Remote Sensing and Modeling of Ecosystems for Sustainability XIV. SPIE, 2017, 10405: 108-115.

Ai J, Zhang C, Chen L, et al. Mapping annual land use and land cover changes in the Yangtze estuary region using an object-based classification framework and Landsat time series data[J]. Sustainability, 2020, 12(2): 659.

Ayanu Y Z, Conrad C, Nauss T, et al. Quantifying and mapping ecosystem services supplies and demands: A review of remote sensing applications [J]. Environmental Science & Technology, 2012, 46(16): 8529-8541.

Banskota A, Kayastha N, Falkowski M J, et al. Forest monitoring using Landsat time series data: A review [J]. Canadian Journal of Remote Sensing, 2014, 40(5): 362-384.

Bartholomé E, Belward A. GLC2000: A new approach to global land cover mapping from Earth observation data [J]. International Journal of Remote Sensing, 2005, 26: 1959-1977.

Beveridge M C M, Thilsted S H, Phillips M J et al. Meeting the food and nutrition needs of the poor: The role of fish and the opportunities and challenges emerging from the rise of aquaculture[J]. Journal of Fish Biology, 2013, 83(4): 1067-1084.

Blaschke T. Object based image analysis for remote sensing [J]. ISPRS Journal of Photogrammetry and Remote Sensing, 2010, 65(1): 2-16.

Boyd D S, Danson F M. Satellite remote sensing of forest resources: Three decades of research development [J]. Progress in Physical Geography, 2005, 29(1): 1-26.

Broich M, Hansen M C, Potapov P, et al. Time-series analysis of multi-resolution optical imagery for quantifying forest cover loss in Sumatra and Kalimantan, Indonesia [J]. International Journal of Applied Earth Observation and Geoinformation, 2011, 13 (2): 277-291.

Chen C L, Qiu G H. The long and bumpy journey: Taiwan's aquaculture development and management[J]. Marine Policy, 2014, 48: 152-161.

Chen J, Zhu X, Vogelmann J E, et al. A simple and effective method for filling gaps in Landsat ETM + SLC-off images [J]. Remote Sensing of Environment, 2011, 115(4): 1053-1064.

Chen Y, Dong J, Xiao X, et al. Land claim and loss of tidal flats in the Yangtze Estuary [J]. Scientific Reports, 2016, 6: 24018.

Cochran W G. Sampling techniques[M]. 3rd ed. New York: John Wiley & Sons, 1977.

Congalton R G, Green K. Assessing the accuracy of remotely sensed data: Principles and practices [M]. Florida: CRC Press, 2008.

Coppin P, Jonckheere I, Nackaerts K, et al. Digital change detection methods in ecosystem monitoring: A review [J]. International Journal of Remote Sensing, 2004, 25 (9): 1565-1596.

Costanza R, d'Arge R, De Groot R, et al. The value of the world's ecosystem services and natural capital [J]. Nature, 1997, 387(6630): 253.

Cui L, Ge Z, Yuan L, et al. Vulnerability assessment of the coastal wetlands in the Yangtze Estuary, China to sea-level rise [J]. Estuarine, Coastal and Shelf Science, 2015, 156: 42-51.

Davranche A, Lefebvre G, Poulin B. Wetland monitoring using classification trees and SPOT-5 seasonal time series [J]. Remote Sensing of Environment, 2010, 114(3): 552-562.

Dearing J A, Braimoh A K, Reenberg A, et al. Complex land systems: The need for long time perspectives to assess their future [J]. Ecology and Society, 2010, 15(4): 21.

Di X, Hou X, Wang Y, et al. Spatial-temporal characteristics of land use intensity of coastal zone in China during 2000-2010 [J]. Chinese Geographical Science, 2015, 25(1): 51-61.

Dong J, Xiao X, Kou W, et al. Tracking the dynamics of paddy rice planting area in 1986-2010 through time series Landsat images and phenology-based algorithms[J]. Remote Sensing of Environment, 2015, 160(4): 99-113.

Duan H, Zhang H, Huang Q, et al. Characterization and environmental impact analysis of sea land reclamation activities in China [J]. Ocean & Coastal Management, 2016, 130(10): 128-137.

Duro D C, Franklin S E, Dubé M G. A comparison of pixel-based and object-based image analysis with selected machine learning algorithms for the classification of agricultural landscapes using SPOT-5 HRG imagery [J]. Remote Sensing of Environment, 2012, 118: 259-272.

Feng X, Fu B, Yang X, et al. Remote sensing of ecosystem services: An opportunity for spatially explicit assessment [J]. Chinese Geographical Science, 2010, 20(6): 522-535.

Fickas K. Landsat-based monitoring of annual wetland change in the main-stem Willamette River floodplain of Oregon, USA from 1972 to 2012 [D]. Oregon State University, 2014.

Gallant A L. The challenges of remote monitoring of wetlands [J]. Remote Sensing, 2015, 7(8): 10938-10950.

Garcia D. Robust smoothing of gridded data in one and higher dimensions with missing values [J]. Computational Statistics & Data Analysis, 2010, 54(4): 1167-1178.

Ge Z M, Cao H B, Cui L F, et al. Future vegetation patterns and primary production in the coastal wetlands of East China under sea level rise, sediment reduction, and saltwater intrusion [J]. Journal of Geophysical Research: Biogeosciences, 2015, 120(10): 1923-1940.

Ge Z M, Guo H Q, Zhao B, et al. Plant invasion impacts on the gross and net primary production of the salt marsh on eastern coast of China: Insights from leaf to ecosystem [J]. Journal of Geophysical Research: Biogeosciences, 2015, 120(1): 169-186.

Ge Z M, Guo H Q, Zhao B, et al. Spatiotemporal patterns of the gross primary production in the salt marshes with rapid community change: A coupled modeling approach [J]. Ecological Modelling, 2016, 321: 110-120.

Ge Z M, Wang H, Cao H B, et al. Responses of eastern Chinese coastal salt marshes to sea-level rise combined with vegetative and sedimentary processes [J]. Scientific Reports, 2016, 6: 28466.

Ghosh S, Mishra D R, Gitelson A A. Long-term monitoring of biophysical characteristics of tidal wetlands in the northern Gulf of Mexico: A methodological approach using MODIS [J]. Remote Sensing of Environment, 2016, 173: 39-58.

Gómez C, White J C, Wulder M A, et al. Integrated object-based spatiotemporal characterization of forest change from an annual time series of Landsat image composites [J]. Canadian Journal of Remote Sensing, 2015, 41(4): 271-292.

Hay G J, Castilla G, Wulder M A, et al. An automated object-based approach for the multiscale image segmentation of forest scenes [J]. International Journal of Applied Earth Observation and Geoinformation, 2005, 7(4): 339-359.

Houghton R A, House J I, Pongratz J, et al. Carbon emissions from land use and land-cover change [J]. Biogeosciences, 2012, 9(12): 5125-5142.

Huete A, Didan K, Miura T, et al. Overview of the radiometric and biophysical performance of the MODIS vegetation indices [J]. Remote Sensing of Environment, 2002, 83(1-2): 195-213.

IPCC. Climate change 2001: The scientific basis [M]. Cambridge: Cambridge University Press, 2001.

IPCC. Climate change 2014: Impacts, adaptation, and vulnerability[M]. Cambridge: Cambridge University Press, 2014.

Kelly M, Tuxen K. Remote sensing support for tidal wetland vegetation research and management [M]//Remote Sensing and Geospatial Technologies for Coastal Ecosystem Assessment and Management. Springer Berlin Heidelberg, 2009: 341-363.

Klemas V. Remote sensing of coastal wetland biomass: An overview [J]. Journal of Coastal Research, 2013, 29(5): 1016-1028.

Klemas V. Remote sensing of emergent and submerged wetlands: An overview [J]. International Journal of Remote Sensing, 2013, 34(18): 6286-6320.

Kuemmerle T, Hostert P, Radeloff V C, et al. Cross-border comparison of post-socialist farmland abandonment in the Carpathians [J]. Ecosystems, 2008, 11(4): 614.

Kuenzer C, Bluemel A, Gebhardt S, et al. Remote sensing of mangrove ecosystems: A review [J]. Remote Sensing, 2011, 3(5): 878-928.

Li B, Liao C, Zhang X, et al. *Spartina alterniflora* invasions in the Yangtze River estuary, China: An overview of current status and ecosystem effects [J]. Ecological Engineering, 2009, 35(4): 511-520.

Li C, Wang J, Wang L, et al. Comparison of classification algorithms and training sample sizes in urban land classification with Landsat thematic mapper imagery[J]. Remote Sensing, 2014, 6(2): 964-983.

Li T, Li W, Qian Z. Variations in ecosystem service value in response to land use changes in Shenzhen [J]. Ecological economics, 2010, 69(7): 1427-1435.

Li Z, Xu D, Guo X. Remote sensing of ecosystem health: Opportunities, challenges, and future perspectives [J]. Sensors, 2014, 14(11): 21117-21139.

Liao C, Luo Y, Jiang L, et al. Invasion of *Spartina alterniflora* enhanced ecosystem carbon and nitrogen stocks in the Yangtze Estuary, China [J]. Ecosystems, 2007, 10(8): 1351-1361.

Liu H Q, Huete A. A feedback based modification of the NDVI to minimize canopy background and atmospheric noise [J]. IEEE Transactions on Geoscience and Remote

Sensing, 1995, 33(2): 457-465.

Loveland T, Reed B, Brown J, et al. Development of a global land cover characteristics database and IGBP DISCover from 1 km AVHRR data [J]. International Journal of Remote Sensing, 2000, 21: 1303-1330.

Lu D, Weng Q. A survey of image classification methods and techniques for improving classification performance [J]. International Journal of Remote Sensing, 2007, 28(5): 823-870.

Lu J, Zhang Y. Spatial distribution of an invasive plant Spartina alterniflora and its potential as biofuels in China [J]. Ecological engineering, 2013, 52: 175-181.

Mantyka-Pringle C S, Visconti P, Di Marco M, et al. Climate change modifies risk of global biodiversity loss due to land-cover change [J]. Biological Conservation, 2015, 187: 103-111.

McDermid G J, Linke J, Pape A D, et al. Object-based approaches to change analysis and thematic map update: Challenges and limitations [J]. Canadian Journal of Remote Sensing, 2008, 34(5): 462-466.

Mishra D R, Ghosh S, Hladik C, et al. Wetland mapping methods and techniques using multisensor, multiresolution remote sensing: Successes and challenges [C]//Remote Sensing of Water Resources, Disasters, and Urban Studies, 2015: 191.

Mo Y, Momen B, Kearney M S. Quantifying moderate resolution remote sensing phenology of Louisiana coastal marshes [J]. Ecological modelling, 2015, 312: 191-199.

Moffett K B, Nardin W, Silvestri S, et al. Multiple stable states and catastrophic shifts in coastal wetlands: Progress, challenges, and opportunities in validating theory using remote sensing and other methods [J]. Remote Sensing, 2015, 7(8): 10184-10226.

Mountrakis G, Im J, Ogole C. Support vector machines in remote sensing: A review [J]. ISPRS Journal of Photogrammetry and Remote Sensing, 2011, 66(3): 247-259.

Murray N J, Clemens R S, Phinn S R, et al. Tracking the rapid loss of tidal wetlands in the Yellow Sea[J]. Frontiers in Ecology and the Environment, 2014, 12(5): 267-272.

Mutanga O, Adam E, Cho M A. High density biomass estimation for wetland vegetation using WorldView-2 imagery and random forest regression algorithm[J]. International Journal of Applied Earth Observation and Geoinformation, 2012, 18: 399-406.

Nakaegawa T. Comparison of water-related land cover types in six 1-km global land cover datasets[J]. Journal of Hydrometeorol, 2012, 13: 649-664.

Olofsson P, Foody G M, Herold M, et al. Good practices for estimating area and assessing accuracy of land change [J]. Remote Sensing of Environment, 2014, 148: 42-57.

Ouyang Z T, Gao Y, Xie X, et al. Spectral Discrimination of the Invasive Plant Spartina alterniflora at Multiple Phenological Stages in a Saltmarsh Wetland [J]. PloS one, 2013, 8(6): e67315.

Owers C J, Rogers K, Woodroffe C D. Identifying spatial variability and complexity in wetland vegetation using an object-based approach [J]. International Journal of Remote Sensing, 2016, 37(18): 4296-4316.

Pérez-Vega A, Mas J F, Ligmann-Zielinska A. Comparing two approaches to land use/cover change modeling and their implications for the assessment of biodiversity loss in a deciduous tropical forest [J]. Environmental Modelling & Software, 2012, 29(1): 11-23.

Prishchepov A V, Radeloff V C, Dubinin M, et al. The effect of Landsat ETM/ETM+ image acquisition dates on the detection of agricultural land abandonment in Eastern Europe [J]. Remote Sensing of Environment, 2012, 126(11): 195-209.

Ren C, Wang Z, Zhang B, et al. Remote monitoring of expansion of aquaculture ponds along coastal region of the Yellow River Delta from 1983 to 2015 [J]. Chinese Geographical Science, 2017, 11: 1-13.

Renaud F G, Syvitski J P M, Sebesvari Z et al. Tipping from the Holocene to the Anthropocene: How threatened are major world deltas? [J]. Current Opinion in Environmental Sustainability, 2013, 5(6): 644-654.

Sexton J O, Urban D L, Donohue M J, et al. Long-term land cover dynamics by multi-temporal classification across the Landsat-5 record [J]. Remote Sensing of Environment, 2013(1), 128: 246-258.

Shalaby A, Tateishi R. Remote sensing and GIS for mapping and monitoring land cover and land-use changes in the Northwestern coastal zone of Egypt [J]. Applied Geography, 2007, 27(1): 28-41.

Small C, Lu J W T. Estimation and vicarious validation of urban vegetation abundance by spectral mixture analysis [J]. Remote Sensing of Environment, 2006, 100(4): 441-456.

Somers B, Asner G P, Tits L, et al. Endmember variability in spectral mixture analysis: A review [J]. Remote Sensing of Environment, 2011, 115(7): 1603-1616.

Su S, Xiao R, Jiang Z, et al. Characterizing landscape pattern and ecosystem service value changes for urbanization impacts at an eco-regional scale [J]. Applied Geography, 2012, 34: 295-305.

Sun C, Liu Y, Zhao S, et al. Classification mapping and species identification of salt marshes based on a short-time interval NDVI time-series from HJ-1 optical imagery [J]. International Journal of Applied Earth Observation and Geoinformation, 2016, 45 (3): 27-41.

Tateishi R, Uriyangqai B, Al-Bilbisi H, et al. Production of global land cover data-GLCNMO[J]. International Journal of Digital Earth, 2011, 4: 22-49.

Tian B, Wu W, Yang Z, et al. Drivers, trends, and potential impacts of long-term coastal reclamation in China from 1985 to 2010 [J]. Estuarine, Coastal and Shelf Science, 2016, 170: 83-90.

Townsend P A. Estimating forest structure in wetlands using multitemporal SAR [J]. Remote Sensing of Environment, 2002, 79(2): 288-304.

Turpie K R. Explaining the spectral red-edge features of inundated marsh vegetation[J]. Journal of Coastal Research, 2013, 29(5), 1111-1117.

Vogelmann J E, Gallant A L, Shi H, et al. Perspectives on monitoring gradual change across the continuity of Landsat sensors using time-series data [J]. Remote Sensing of Environment, 2016, 185: 258-270.

Wan S, Qin P, Liu J, et al. The positive and negative effects of exotic *Spartina alterniflora* in China [J]. Ecological Engineering, 2009, 35(4): 444-452.

Wang G, Garcia D, Liu Y, et al. A three-dimensional gap filling method for large geophysical datasets: Application to global satellite soil moisture observations [J]. Environmental Modelling & Software, 2012, 30: 139-142.

Wang H, Ge Z, Yuan L, et al. Evaluation of the combined threat from sea-level rise and sedimentation reduction to the coastal wetlands in the Yangtze Estuary, China [J]. Ecological Engineering, 2014, 71: 346-354.

Waylen P, Southworth J, Gibbes C, et al. Time series analysis of land cover change: Developing statistical tools to determine significance of land cover changes in persistence analyses [J]. Remote Sensing, 2014, 6(5): 4473-4497.

Weiss D J, Atkinson P M, Bhatt S, et al. An effective approach for gap-filling continental scale remotely sensed time-series [J]. ISPRS Journal of Photogrammetry and Remote Sensing, 2014, 98: 106-118.

Wright C, Gallant A. Improved wetland remote sensing in Yellowstone National Park using classification trees to combine TM imagery and ancillary environmental data [J]. Remote Sensing of Environment, 2007, 107(4): 582-605.

Wu W, Zhou Y, Tian B. Coastal wetlands facing climate change and anthropogenic activities: A remote sensing analysis and modelling application [J]. Ocean & Coastal Management, 2017, 138: 1-10.

Xu H. Extraction of urban built-up land features from Landsat imagery using a thematicoriented index combination technique [J]. Photogrammetric Engineering & Remote Sensing, 2007, 73(12): 1381-1391.

Xu H. Modification of normalised difference water index (NDWI) to enhance open water features in remotely sensed imagery [J]. International Journal of Remote Sensing, 2006, 27 (14): 3025-3033.

Zha Y, Gao J, Ni S. Use of normalized difference built-up index in automatically mapping urban areas from TM imagery [J]. International Journal of Remote Sensing, 2003, 24(3): 583-594.

Zhang M Q, Guo H Q, Xie X, et al. Identification of land-cover characteristics using MODIS time series data: An application in the Yangtze River Estuary[J]. PloS one, 2013, 8 (7): e70079.

Zhao B, Yan Y, Guo H, et al. Monitoring rapid vegetation succession in estuarine wetland using time series MODIS-based indicators: An application in the Yangtze River Delta area[J]. Ecological Indicators, 2009, 9(2): 346-356.

Zhu Z. Change detection using landsat time series: A review of frequencies, preprocessing, algorithms, and applications [J]. ISPRS Journal of Photogrammetry and Remote Sensing, 2017, 130: 370-384.

Zomer R J, Trabucco A, Ustin S L. Building spectral libraries for wetlands land cover classification and hyperspectral remote sensing [J]. Journal of Environmental Management, 2009, 90(7): 2170-2177.

Zuo P, Zhao S, Liu C, et al. Distribution of *Spartina* spp. along China's coast [J]. Ecological Engineering, 2012, 40: 160-166.

彩　　插

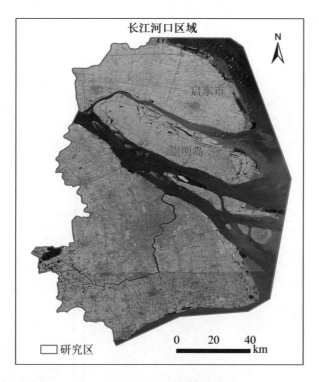

图 1-1　研究区概况图

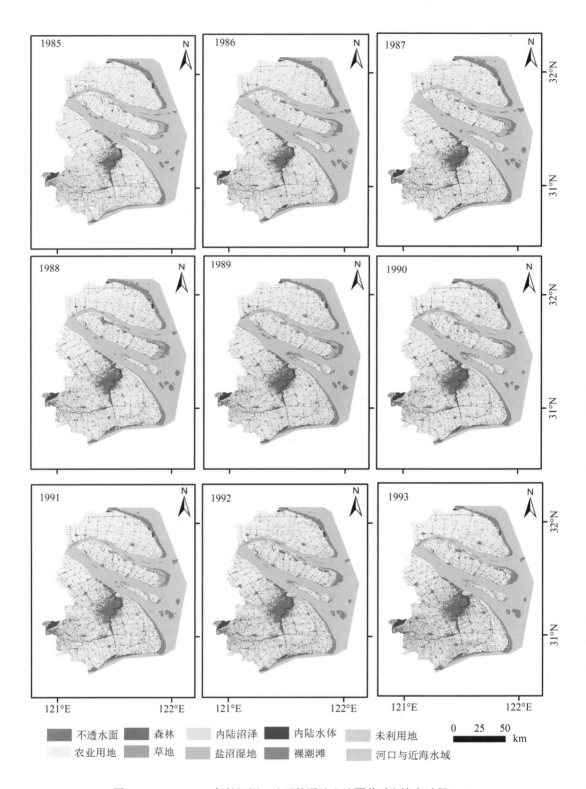

图 3-1　1985—2016 年长江河口地区的湿地土地覆盖时空演变过程(一)

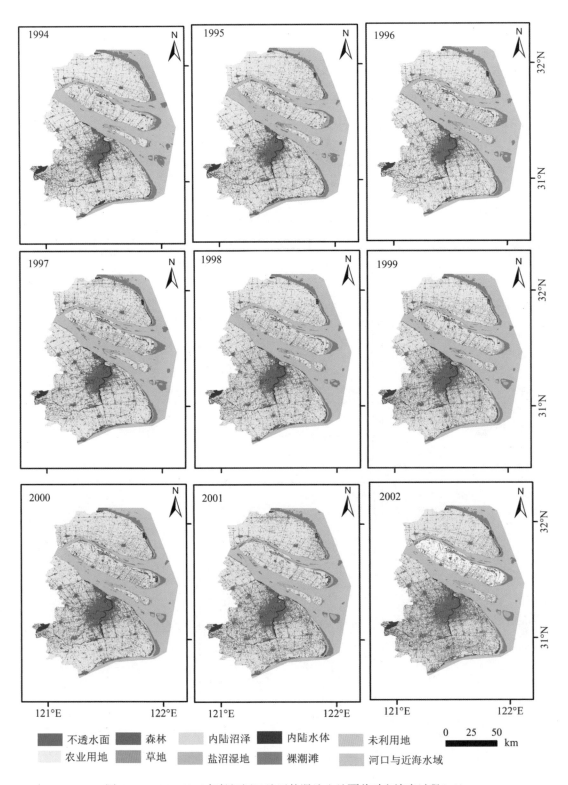

图 3-1　1985—2016 年长江河口地区的湿地土地覆盖时空演变过程(二)

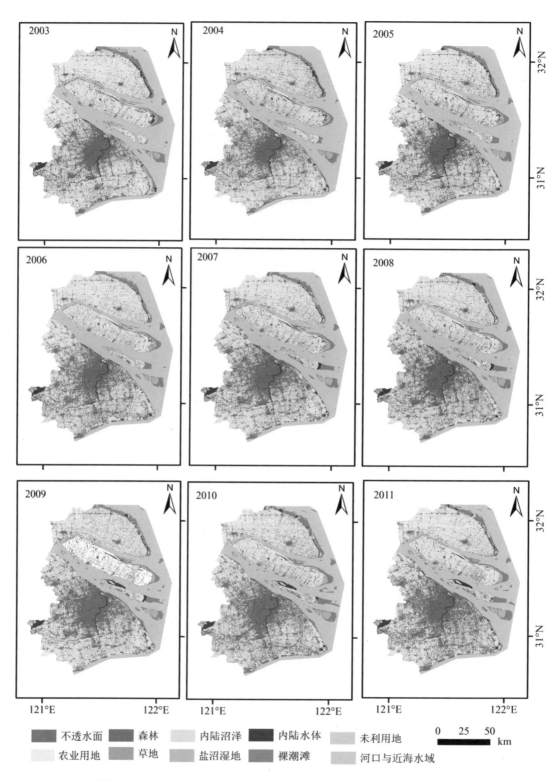

图例：不透水面　森林　内陆沼泽　内陆水体　未利用地
农业用地　草地　盐沼湿地　裸潮滩　河口与近海水域

0　25　50 km

图 3-1　1985—2016 年长江河口地区的湿地土地覆盖时空演变过程(三)

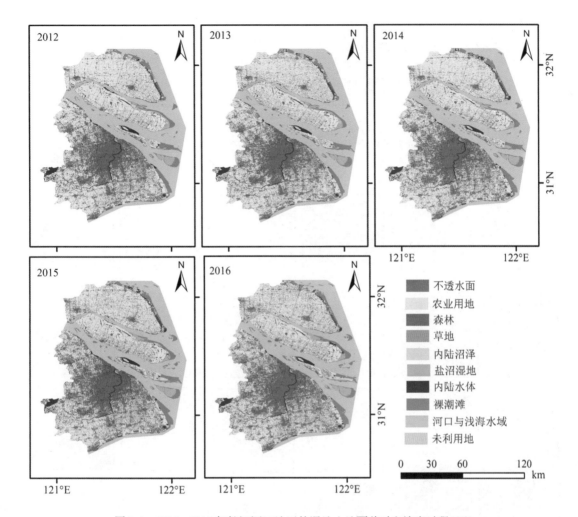

图 3-1　1985—2016 年长江河口地区的湿地土地覆盖时空演变过程(四)

图例：
不透水面
农业用地
森林
草地
内陆沼泽
盐沼湿地
内陆水体
裸潮滩
河口与浅海水域
未利用地

0　30　60　120 km

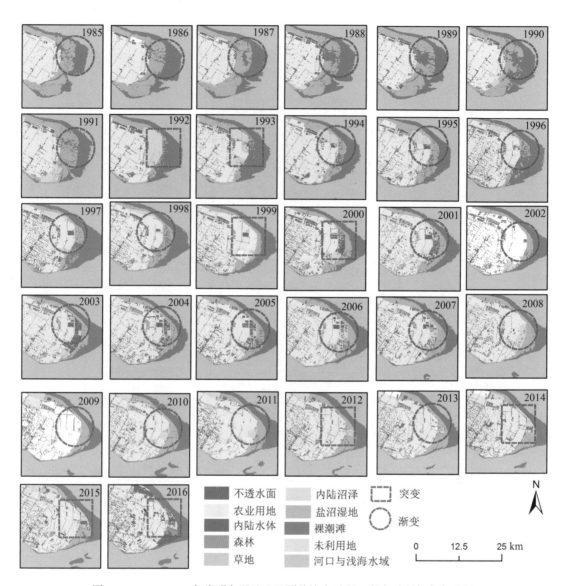

图 3-3　1985—2016 年崇明岛湿地土地覆盖演变过程：渐变过程与突变过程

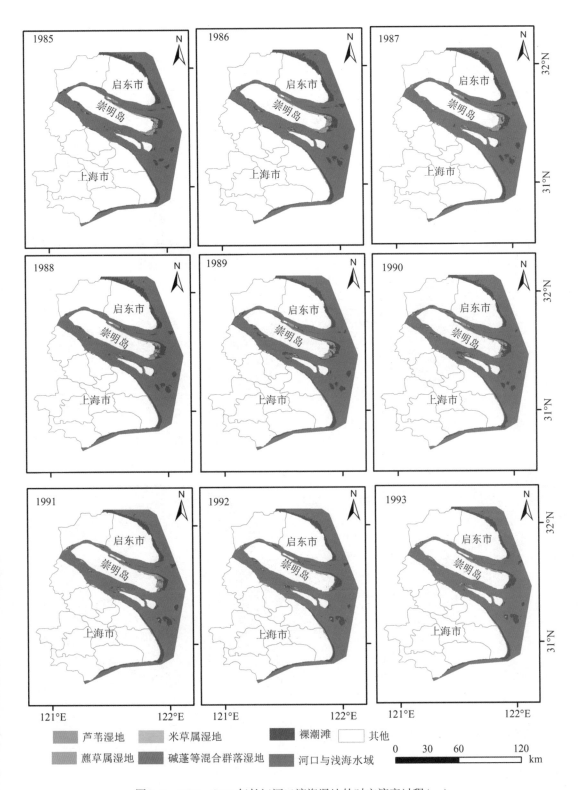

图 4-2　1985—2016 年长江河口滨海湿地的时空演变过程(一)

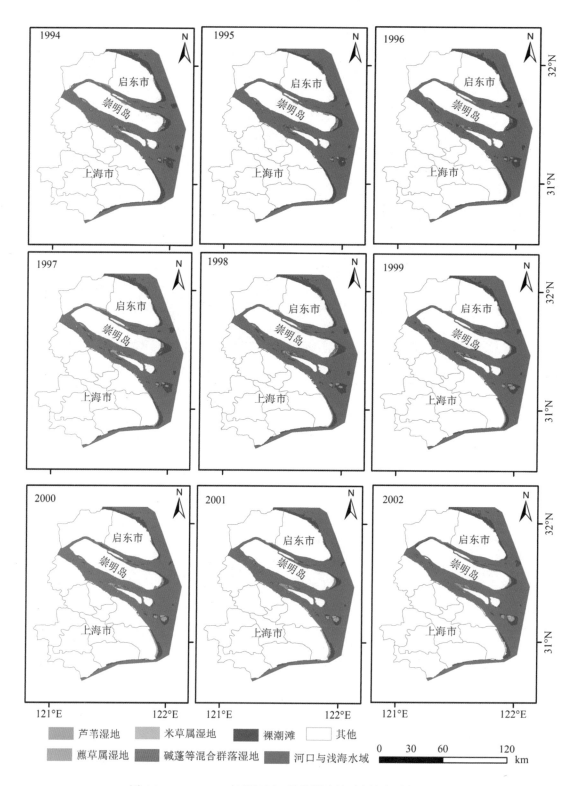

图 4-2　1985—2016 年长江河口滨海湿地的时空演变过程(二)

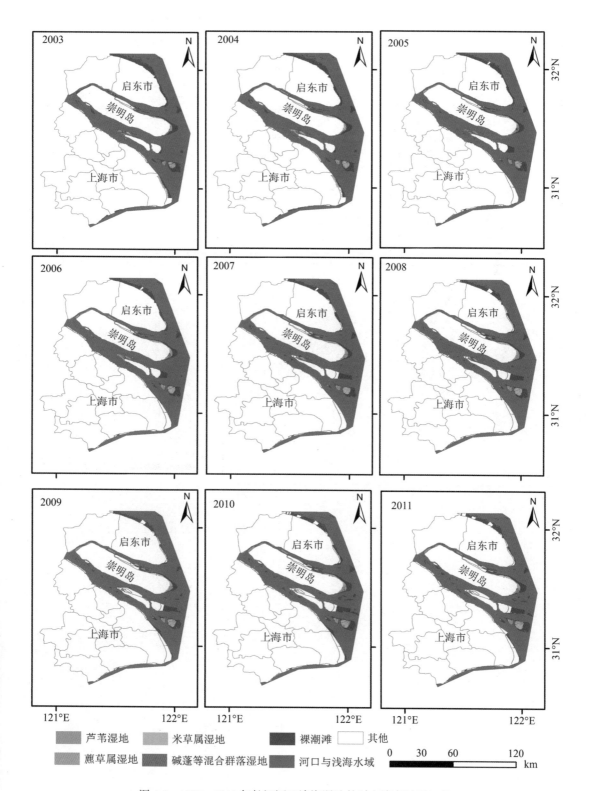

图 4-2　1985—2016 年长江河口滨海湿地的时空演变过程(三)

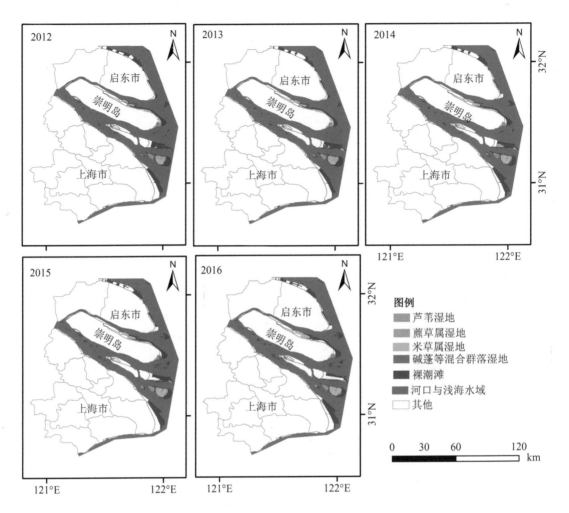

图 4-2　1985—2016 年长江河口滨海湿地的时空演变过程(四)

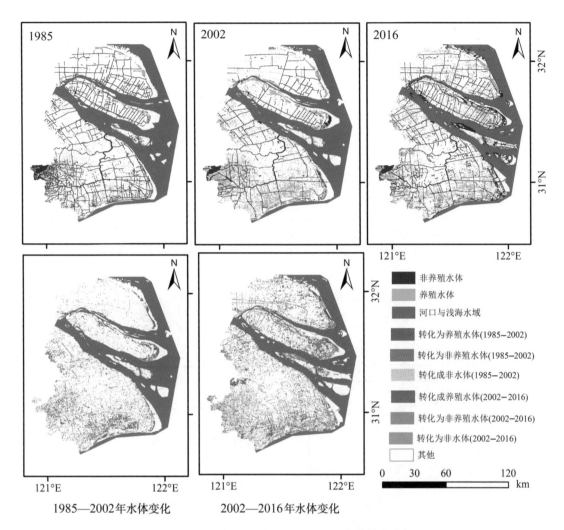

图例：
- 非养殖水体
- 养殖水体
- 河口与浅海水域
- 转化为养殖水体(1985–2002)
- 转化为非养殖水体(1985–2002)
- 转化成非水体(1985–2002)
- 转化成养殖水体(2002–2016)
- 转化为非养殖水体(2002–2016)
- 转化为非水体(2002–2016)
- 其他

1985—2002年水体变化　　　　2002—2016年水体变化

图 5-2　1985—2016 年长江河口湿地水体转变分析

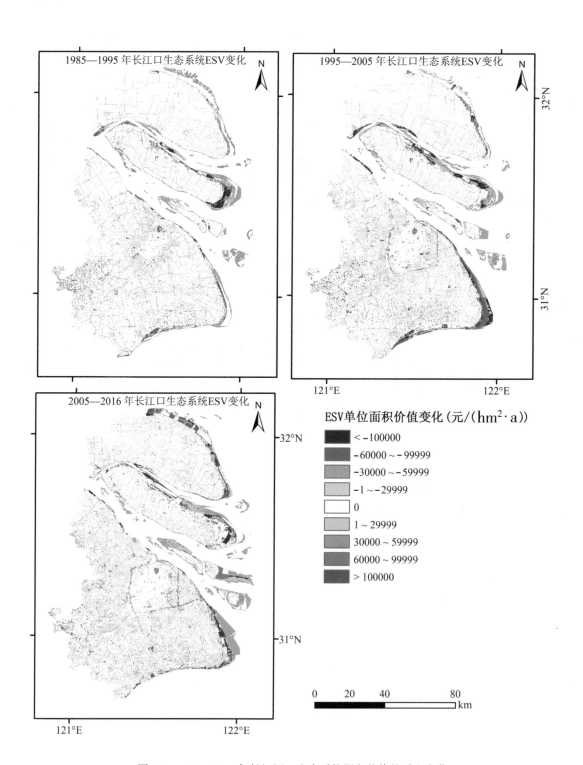

图 6-2　1985—2016 年长江河口生态系统服务价值的时空变化

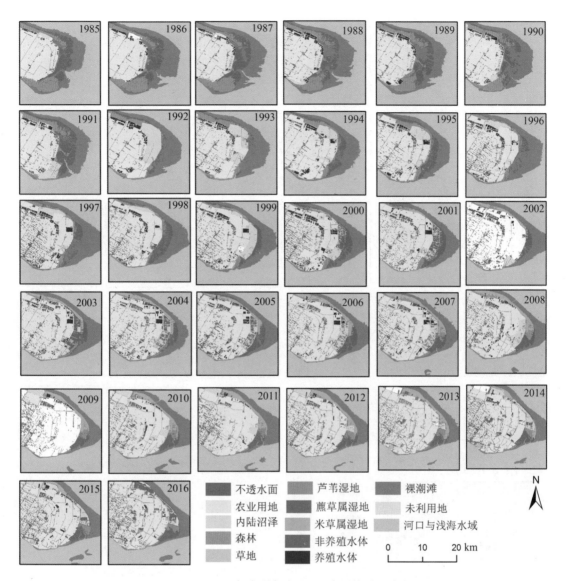

图 7-4　1985—2016 年崇明东滩湿地生态系统时空演变过程

图例：

不透水面	芦苇湿地	裸潮滩
农业用地	藨草属湿地	未利用地
内陆沼泽	米草属湿地	河口与浅海水域
森林	非养殖水体	
草地	养殖水体	

0　　10　　20 km

N

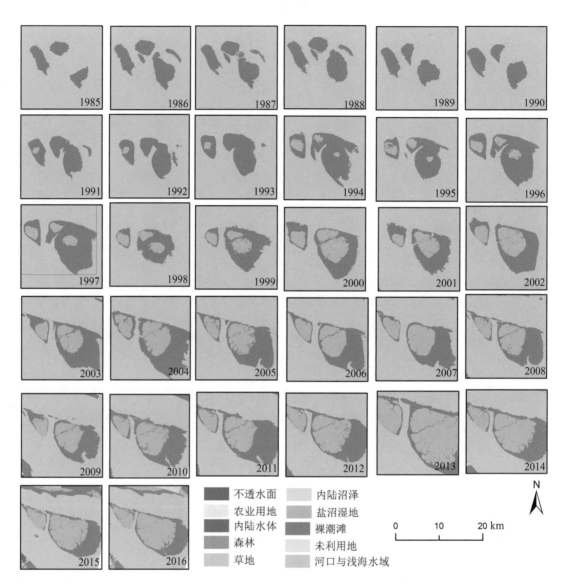

图 7-6　1985—2016 年九段沙湿地生态系统时空演变过程

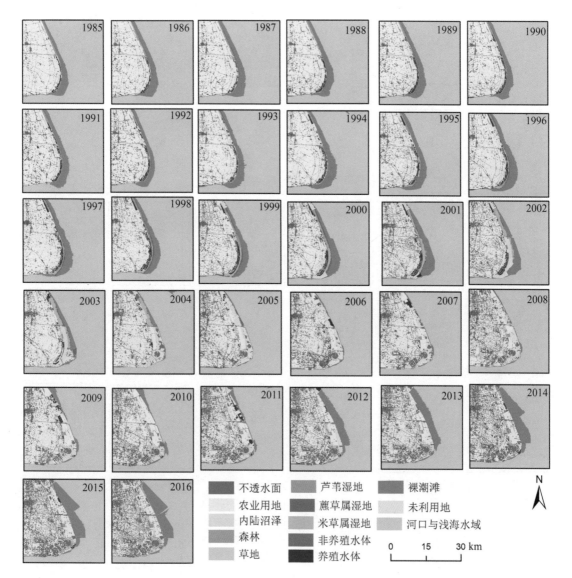

图 7-8　1985—2016 年南汇边滩湿地生态系统时空演变过程

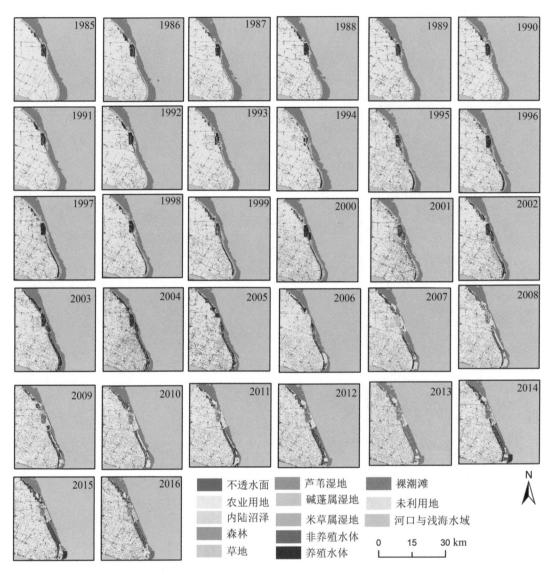

图 7-10　1985—2016 年启东岸滩湿地生态系统演变过程

图例：
不透水面　　芦苇湿地　　裸潮滩
农业用地　　碱蓬属湿地　　未利用地
内陆沼泽　　米草属湿地　　河口与浅海水域
森林　　非养殖水体
草地　　养殖水体

0　　15　　30 km

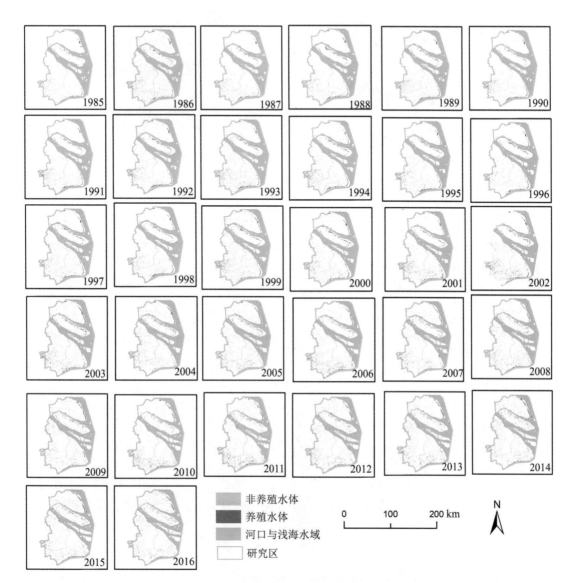

图 8-1　1985—2016 年长江河口养殖水体空间分布动态

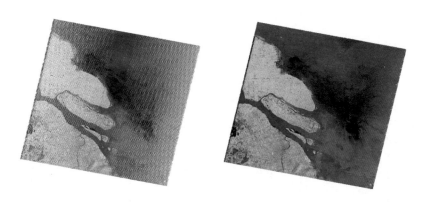

（a）SLC-off 影像条带修复前　　　　　　　　　　　（b）SLC-off 影像条带修复前

附图 1　SLC-off 影像修复效果图（2010-05-25，path-118，row-38）

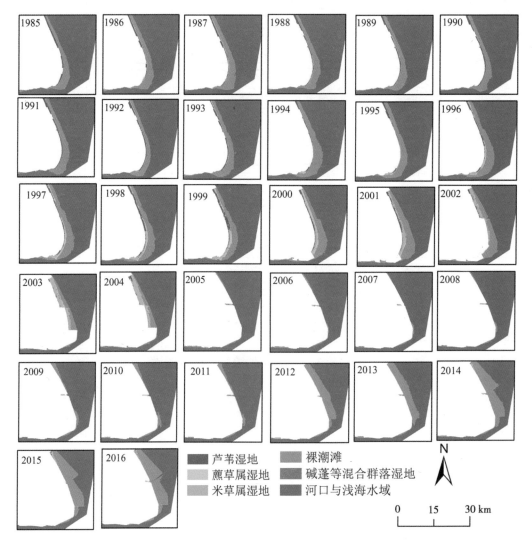

附图 2　入侵种互花米草完全根除后又重新入侵生长的过程